世界博物馆最新发展译丛（第二辑） 主编◎宋娴

博物馆影响力与绩效评估

理论与实践

［美］约翰·W.雅各布森◎著
厉樱姿◎译　潘守永◎审校

复旦大学出版社

上海科技传播智库系列成果

关于作者

约翰·W.雅各布森（John W. Jacobsen），白橡木研究所首席执行官，拥有逾四十年博物馆分析、策划和制片工作经验。曾任波士顿科学博物馆副馆长，任职期间博物馆年接待观众量达到220万人次。主持过百余家博物馆的战略规划和营销活动，在 *Curator*、*Museum Management and Curatorship*、*Informal Learning Review* 等专业期刊及美国博物馆联盟、科学技术中心协会、儿童博物馆协会等举办的行业会议上发表多篇博物馆学作品。

关于本书

　　20世纪后期,为应对不断变化的社会环境和可持续发展的需求,博物馆价值研究和评估实践应运而起。然而随着当前博物馆类型、定位、使命与服务对象日趋多元,加之博物馆业务的复杂性,业界深感难有放之四海而皆准的标准对博物馆影响力及绩效进行评估。约翰·W.雅各布森基于其数十年博物馆分析与规划工作的经验,汇集了全球博物馆行业组织、基金会、代表性博物馆、研究机构、学者等的实践与建议,形成了涵盖1 025项指标的博物馆影响力与绩效指标(MIIP1.0)数据库,并构建起一套普适性的博物馆行动理论和操作指南。本书所构建的评估框架为博物馆专业人员提供了一个开放的、动态的资源平台和工具,可因馆制宜地考察各博物馆在公共领域、私有领域、个人及机构等方面的影响力与价值所在。

谨以此书献给珍妮·斯塔尔：
没有她在指标研究方面的丰富经验，这本书将无立足之基；
没有她的贡献和支持，这本书将大为失色；
没有与她的合作和伙伴关系，作者将失去方向。

目　录

序　　言 / 1
致　　谢 / 1
再版致谢 / 1

绪　　论 / 1
　　衡量影响力及绩效的必要性 / 4
　　研究方法 / 7
　　总结分析 / 9
　　价值观念 / 12
　　博物馆服务于众多对象 / 13
　　整合"大数据"和"小数据"来为决策提供依据 / 14
　　规范和报告博物馆运营数据的必要性 / 16
　　定义和语言 / 17
　　章节的组织与排序 / 19
　　根据需要调整理论与工具包 / 21
　　小　　结 / 22
　　本章参考文献 / 24

第一部分　理论：博物馆运行原理及方式

第一章　探究博物馆行动理论 / 29
问责的必要性 / 30
探究现有评估框架的共性及基本假设 / 32
分析评估框架以反映共性 / 47
博物馆行动理论：从预期目标到感知价值 / 51
博物馆行动理论的运用 / 52
小　　结 / 53
本章参考文献 / 54

第二章　识别博物馆潜在影响 / 59
研究方法：MIIP 1.0 分析 / 61
博物馆影响力与绩效指标数据库（MIIP 1.0）分析 / 62
14 类潜在博物馆影响 / 68
数据内容主题 / 74
小　　结 / 75
本章参考文献 / 76

第三章　评量影响力 / 77
博物馆行动理论综述 / 78
价值依据 / 80
经济价值（worth）与使用价值（value）/ 81

博物馆因其影响与效益而具有价值 / 82

影响与效益 / 83

博物馆活动是对时间、精力和金钱的交换 / 84

谁为社会影响买单？/ 87

评估的益处 / 90

将关键绩效指标（KPI）作为影响力指标 / 92

小　　结 / 96

本章参考文献 / 98

第二部分　实践：如何评估博物馆的影响力与绩效？

第四章　从理论到实践的转化 / 103

建立评估指标的基本法则 / 104

使用多种关键绩效指标 / 105

理解评估和运营数据的质量局限 / 114

博物馆行动理论与作为资源和工具的 MIIP 1.0 的使用 / 117

开展具有包容性和透明度的筛选过程 / 122

小　　结 / 123

本章参考文献 / 124

第五章　以博物馆目标及影响为重 / 126

社区博物馆及其多元目标 / 126

评估您的观众和支持者感知效益 / 130

选择并确定博物馆预期目标的优先顺序 / 134

本章参考文献 / 138

第六章　确定博物馆绩效评估指标 / 139

确定您的 KPI / 141

收集并分析同比 KPI / 148

第七章　与同行博物馆的比较 / 150

同行博物馆 / 151

与同行博物馆比较 KPI / 152

第八章　报告影响力和绩效的变化 / 160

报告您博物馆的 KPI / 161

构建相关 KPI 的面板 / 163

定期检验指标的意义及准确性 / 165

以绩效评估为重 / 166

小　　结 / 168

本章参考文献 / 170

第九章　总结及未来发展潜力 / 171

评估博物馆影响力和绩效 / 173

突破障碍和复杂性的开始 / 177

在单体博物馆、博物馆专业人员
　　及博物馆行业中的应用前景 / 179

是异端还是创新? / 182

结论与展望 / 185

本章参考文献 / 187

附　录

附录A　定义和假设 / 191

博物馆 / 193

行动理论 / 196

影响和绩效 / 198

博物馆参与 / 200

社区、观众和支持者 / 201

价值交换 / 205

精力、时间和金钱 / 206

参考文献 / 208

附录B　MIIP 1.0的源文档 / 211

源文件类型 / 211

参考文献 / 221

附录C　博物馆潜在影响：精选案例 / 223

公共领域影响——有益于全体社会和广大公众 / 226

私有领域影响——有益于商业和经济 / 229

个人影响——有益于个人、家庭和社会团体 / 230

机构影响——有益于博物馆自身 / 231

参考文献 / 233

附录 D　评估公式示例 / 234
数据公式示例 / 234

附录 E　工作表：博物馆样表及空白表 / 237
关于美国中城样本博物馆的假设 / 237
使命和目标 / 238
工作表样表和空白表 / 239

附录 F　如何获取 MIIP 1.0 和博物馆行动理论 / 287

表　目

表　格

表 0.1　博物馆行动理论（逻辑模型版本）/ 10

表 0.2　博物馆潜在影响的类型 / 11

表 1.1　基本逻辑模型 / 36

表 1.2　整理 11 组评估框架所得出的 7 个行动类型（倒数第二行）及步骤（末行）/ 50

表 1.3　博物馆行动理论（逻辑模型版本）/ 51

表 2.1　博物馆潜在影响的类型[①]/ 69

表 3.1　博物馆行动理论（双向版本）/ 78

表 4.1　博物馆潜在影响的类型 / 119

表 4.2　博物馆行动理论（逻辑模型版本）/ 120

表 5.1　社区及其观众和支持者 / 131

表 6.1　关键绩效指标（KPI）框架 / 140

表 9.1　博物馆行动理论（双向版本）/ 174

表 9.2　博物馆潜在影响的类型 / 175

---

① 译者注：原书为阅读方便，在必要处重复罗列相关表格，为尊重原书，不予改动，以下及正文中不再赘述。

表 9.3　博物馆行动理论评估框架用途示例 / 180

表 9.4　MIIP 1.0 中每类影响的相对普遍性 / 181

表 A.1　定义和假设一览表 / 191

表 A.2　美国博物馆的类型 / 194

表 C.1　博物馆潜在影响的类型 / 224

表 C.2　数据内容主题（60）/ 225

表 D.1　感知效益受益者的价值指标 / 234

表 D.2　KPI 公式示例 / 234

表 E.1　样本博物馆：财务报表 / 238

表 E.2　工作表清单 / 239

工作表

工作表 4.1.1　影响力矩阵及 MIIP 类型：样本博物馆 / 241

工作表 4.1.2　影响力矩阵及 MIIP 类型 / 242

工作表 5.1.1　运营收入比较：样本博物馆 / 243

工作表 5.1.2　运营收入比较 / 246

工作表 5.2.1　关键观众和支持者群体：样本博物馆 / 248

工作表 5.2.2　关键观众和支持者群体 / 249

工作表 5.3.1　潜在目标和影响：样本博物馆 / 250

工作表 5.3.2　潜在目标和影响 / 253

工作表 5.4.1　潜在影响——短清单：样本博物馆 / 254

工作表 5.4.2　潜在影响——短清单 / 256

工作表 5.5.1　行动理论基本原理：样本博物馆 / 257

工作表 5.5.2　行动理论基本原理 / 258

工作表 6.1.1　KPI 框架：样本博物馆 / 259

工作表 6.1.2　KPI 框架 / 260

工作表 6.2.1　潜在 KPI 主表：样本博物馆 / 261

工作表 6.2.2　潜在 KPI 主表 / 264

工作表 6.3.1　绩效评估基本原理：样本博物馆 / 265

工作表 6.3.2　绩效评估基本原理 / 267

工作表 6.4.1　优先 KPI：样本博物馆 / 268

工作表 6.4.2　优先 KPI / 269

工作表 6.5.1　数据字段：样本博物馆 / 270

工作表 6.5.2　数据字段 / 272

工作表 6.6.1　数据输入日志：样本博物馆 / 273

工作表 6.6.2　数据输入日志 / 276

工作表 6.7.1　KPI 计算：样本博物馆 / 277

工作表 6.7.2　KPI 计算 / 279

工作表 7.1.1　同行博物馆数据：样本博物馆 / 280

工作表 7.1.2　同行博物馆数据 / 281

工作表 7.2.1　同行博物馆 KPI 分析：样本博物馆 / 282

工作表 7.2.2　同行博物馆 KPI 分析 / 283

工作表 8.1.1　总结报告：样本博物馆 / 284

工作表 8.1.2　总结报告 / 286

序　言

在我担任美国博物馆联盟（American Alliance of Museums，以下简称 AAM）主席的八年里，我有幸参观了 46 个州的 463 家博物馆，并从中学到了非常重要的一点：美国的博物馆在其服务的社区中扮演着不同的角色，面对着不同的挑战。就我在 AAM 的经验来说，各类"博物馆"，从艺术馆到动物园，都是必要的社区机构，是社会大众走近艺术与文化的渠道的主要提供者，尤其是提供了艺术、历史、科学、生物保护、早期教育领域创新和富有想象力的教育经历。美国博物馆的参观量远超四大体育项目所有主要联盟赛事的现场观赛人数，这既彰显了博物馆机构的受欢迎程度，也突出了其重要地位。博物馆和图书馆仍是美国最受信赖的机构，这种信任源自其两个多世纪为美国公众的服务。

几乎每次参观博物馆，我都能得到一个很好的、关于这座博物馆正在为社区做些什么的故事。每一名正在或者曾在博物馆工作的从业人员，都有着关于博物馆创新社区服务、改变人生经历、为社区而"生"的故事可以讲述，日复一日，年复一年。可以说，博物馆是一个成功社区的核心所在。

但在今天，我们若想从持续缩减的经费中争取资源来支持博物馆工作，那需要的就不仅仅是好的故事。各级政府部门对博物馆的资助都在缩减，正如约翰·雅各布森（John Jacobsen）在这本杰出的新作《博物馆影响力与绩效评估：理论与实践》（*Measuring Museum Impact and Performance: Theory and Practice*）中指出的："近期私人基金的发展趋势倾向于建立伙伴关系，通过捐赠者和非营利组织密切合作以解决重大的社会问题，尤其是那些结果可供评量的问题。"

雅各布森在本书中提出了一些重要的问题：博物馆在当下如何才能更有效地传达其社会价值？如何才能更好地量化这一价值？最重要的是，博物馆如何更好地利用指标来帮助资助者和官员明白，我们的机构并不是为了少数人的利益而设置的，而是能够让每个人受益的社区资源。参观人数、精致的展览和藏品规模或许令人印象深刻，但归根结底，它们并不能说明一个博物馆的影响力。

正如雅各布森在绪论中所言，"该领域仍然缺乏一种公认的衡量影响力的方法"，在后续章节中，他围绕博物馆的研究和评估完成了一份重要综述，并基于相关机构现有指标，为博物馆专业人士提供了一个可以通过关键绩效指标有效评估影响力和绩效的框架。本书是一套使博物馆对自身社区价值的评估由主观转向客观的工具。

担任 AAM 主席期间，我有机会与基金会高管、个人捐赠者和官员就博物馆及其在当今社会中的作用进行了沟通。几乎所有人都表达了自己对博物馆的热爱，但他们往往会继续谈论其他优先事项的重要性，比如饥饿、文盲、失业、社区卫生和健康，仿佛博物馆与这些问题毫不相干。一位州长在解释近期为何停发所有对博物馆的州政府资金时对我说："我们州有这么多需求。"在他看来，博物馆对于构建一个更强大、更有竞争力的国家或地区并无助益，但事实上，博物馆有着它独特的方式能够做到这一点。

这本具有开创意义的书，将帮助博物馆衡量他们所做工作的价值，使其能够有效地向主要的利益相关者传达自身的影响力，并获得实现以新兴和创造性的方式服务社区、造福众人的目标所需的支持。

福特·贝尔博士
于明尼苏达州威扎塔

致　　谢

美国博物馆联盟（AAM）在福特·贝尔的领导下，在博物馆领域取得了长足的发展。他能为本书作序，我深感荣幸。在他繁忙的任期内，我有幸与他合作并成立了PIC-Green，提出博物馆运行数据标准（Museum Operating Data Standards，简称MODS）倡议，而这也是撰写本书的"火花"。福特，谢谢您的远见卓识、鼎力支持、领导与指引。

这本书反映了我对诸多同侪的欣赏之情，他们的研究、创新、领导力和对博物馆的热爱不断激励着我，他们的名字镶嵌在本书的正文和注释之中。我也非常感谢滋养了我的博物馆事业，四十多年来，是它让我和白橡木（White Oak）团队得以生存和发展。

对于那些花时间审阅草稿，并给予深思熟虑后的建议的朋友和同事，我欠了他们很大的情。本书的一切长处，都应归功于艾尔·德塞纳（Al DeSena）、鲍勃·简斯（Bob Janes）、卡罗尔·斯科特（Carol Scott）、大卫·埃利斯（David Ellis）、杜安·科西克（Duane Kocik）、福特·贝尔（Ford Bell）、乔治·海因（George Hein）、珍妮·斯塔尔（Jeanie Stahl）、珍妮·维格隆特（Jeanne Vergeront）、佩拉·佩尔森（Pelle Persson）和理查德·拉比诺维茨（Richard Rabinowitz）的修订和建议。谢谢您们所有人，您们的指导和洞察力颇有助益。我还要感谢罗曼和利特尔菲尔德出版社（Rowman & Littlefield）的查尔斯·哈蒙（Charles Harmon）、罗伯特·哈云加（Robert Hayunga）和伊莱恩·麦克加劳（Elaine McGarraugh）对编辑和出版工作的支持。

《博物馆影响力与绩效评估：理论与实践》的诞生，得益于那些共同参与其理念和评估框架构建的同事们。首先要感谢我的合作伙伴珍妮·斯塔尔，她是数十年来通过关键绩效指标来分析博物馆的先驱人物。MIIP 1.0 数据库的构建基于诸多致力于博物馆影响力和价值评估的同人的工作和合作，包括贝丝·塔特尔（Beth Tuttle）、贝弗利·谢泼德（Beverly Sheppard）、丹尼斯·沙茨（Dennis Schatz）、拉里·苏特（Larry Suter）、马丁·斯托克斯迪克（Martin Storksdieck）、玛丽·埃伦·蒙利（Mary Ellen Munley）、明达·博伦（Minda Borun）和菲尔·卡茨（Phil Katz）等博物馆专业人士。我非常荣幸能够在我的母校担任波士顿科学博物馆管理人员之职，并得以和克莉丝汀·赖克（Christine Reich）、克拉拉·卡希尔（Clara Cahill）和瑞安·奥斯特（Ryan Auster）密切合作。

博物馆领域那些充满激情、能言善辩的作者和思想者们，深深地影响了我的思考，并为白橡木对博物馆的分析和规划提供了信息。我感恩所有关于博物馆的目的和价值的文章和言论，尤其是在我个人理念发展过程中给予意见和建议的阿尔夫·哈顿（Alf Hatton）、伊丽莎白·梅里特（Elizabeth Merritt）、伊莱恩·古里安（Elaine Gurian）、约翰·弗雷泽（John Fraser）、约翰·福尔克（John Falk）、劳拉·罗伯茨（Laura Roberts）、林恩·迪尔金（Lynn Dierking）、玛丽莲·霍伊特（Marilyn Hoyt）、玛莎·塞梅尔（Marsha Semmel）、尼娜·西蒙（Nina Simon）、彼得·利奈特（Peter Linett）和希拉·格林内尔（Sheila Grinell）。

数十年来，白橡木团队及其客户共同努力完成了这一框架，并应用在上百个博物馆分析及规划项目中。这项工作的众多乐趣之一，便是与伟大的思想家及博物馆领导者合作，除了以上列举的学者以外，还有艾尔·克里伯格（Al Klyberg）、安妮·D.爱默生（Anne D. Emerson）、比尔·彼得斯（Bill Peters）、克里斯汀·鲁夫（Christine Ruffo）、查克·豪沃思（Chuck Howarth）、埃里克·西格尔（Eric Siegel）、乔治·史密斯（George Smith）、伊恩·麦克伦南（Ian McLennan）、珍妮·斯塔尔、吉姆·里奇森（Jim Richerson）、约瑟夫·威斯尼（Joseph Wisne）、凯特·贝内特（Kate Bennett）、凯特·舒尔曼（Kate Schureman）、马克·B.彼得森（Mark B. Peterson）、玛丽·塞勒斯特（Mary Sellers）、罗伯特（·麦克）·韦斯特［Robert (Mac) West］和维克多·贝克（Victor Becker）。

我对于博物馆的热爱来自我的四位博物馆导师，或许他们已经离开，但我对他们永志不忘：罗杰·尼科尔斯（Roger Nichols），科学博物馆馆长与我的上司，他在任时期是该博物馆最具活力、最成功的时期之一；罗伊·沙弗（Roy Shafer），他曾是一名博物馆馆长，后来从事指导博物馆构建"概念框架"的工作；艾伦·弗里德曼（Alan Friedman），以其原则性和智慧成为博物馆教育工作者的榜样；还有斯蒂芬·韦尔（Stephen

Weil),他的著作奠定了当代所有关于博物馆及其价值的假设的基础,其思想贯穿本书。

  特别鸣谢白橡木研究所的丽贝卡·罗宾逊(Rebecca Robison)对本书优秀且耐心的研究与编辑,以及白橡木协会的凯伦·赫夫勒(Karen Hefler)勤勉的手稿整理与图表制作。我还要感谢我的人生伙伴——珍妮·斯塔尔,感谢她的指引与支持。

再版致谢

表 1.1 所示的逻辑模型来自凯洛格基金会（W. K. Kellogg Foundation）2004 年发布的《逻辑模型构建指南》（Logic Model Development Guide），并得到了使用授权。博物馆类型一览表（表 A.2）是经美国博物馆联盟允许使用的。博物馆行动理论、博物馆潜在影响类型、观众及支持者分布图及其他由白橡木研究所制作的图表，均经许可使用，尽管它们免费向所有人开放。第一章对于卡罗尔·斯科特（Carol Scott）论述的大量引用也经过了她的同意，温迪·卢克（Wendy Luke）则认可了对其已故丈夫斯蒂芬·E. 韦尔（Stephen E. Weil）文献中关键语句的引用。

绪　论

我们（的工作）做得如何？是否达到了预期影响？效果和效率如何？

一直以来，我都对博物馆的工作原理和方式颇有兴趣。对于上述根本问题，博物馆尚没有令人信服和可付诸实践的答案。在以结果为导向的新形势下，即便我们坚信博物馆的核心地位，但如果无法衡量其影响，那么它仍将无法被理解，并存在被边缘化的风险。

毋庸置疑，博物馆具有其价值和影响力。但作为博物馆专业人士，我们如何来评量博物馆对其所在社区所带来的影响及益处？在其所聚焦的使命之外，博物馆还有非常多的有益成果，这才是它的价值所在。我认为，研究博物馆目标及其结果之间的一致性将提高博物馆的影响力及其绩效。在本书中，亲爱的读者，我将假设您也是一名博物馆专业人员，与我一样热爱着博物馆事业，并期待看到我们的专业领域发展成为一股着力"建设一个更好和更民主的社会"的负责任的、高效的重要力量（Hein, 2006）。

最近，我开始担心对于博物馆的公共支持可能会下降。在美国经历了25年的博物馆热潮（大约从20世纪80年代初到2008年的经济大萧条）之后，财力、时间、精力和公共支持可能逐渐转向其他非营利组织和非政府组织。美国博物馆联盟（AAM）报告称，在过去40年里，政府提供的博物馆运营预算份额持续缩减（Merritt and Katz，2009）。虽然截至目前，私人资助的增幅尚可维持平衡，但近期私人基金的发展趋势更倾向于通过捐赠者与非营利组织的紧密合作来解决重大社会问题，尤其是那些可以对结果加以衡量的问题（Raymond，2010）。比尔·盖茨说："我一次次地为评量对改善人类境况的重要性所震撼。若您能设定一个清晰的目标，且在反馈过程中找到一个能够推动实现这一目标的方法，您将取得让人瞠目的进展。"（Gates，2013）如今，博物馆必须与那些能够评量其影响并彰显其社会效益的机构竞争来获得支持。

仍在试图摆脱其聚焦内部、自治特权的传统的博物馆界，正面临着几个极其重要的问题：博物馆的哪些贡献是重要的？我们如何解决关键性社会问题？为何过去我们无法展现自身贡献的价值？博物馆应如何突破障碍，通过精挑细选的指标来说服怀疑者，并帮助自身提升价值？

博物馆需要一套衡量标准来为自身价值加以证明和辩护，但更重要的是，我们需要正确的指标来引导自身朝这一目标前进，这样我们才能推动人类社会发展，维护博物馆的公信力和价值。我们需要评量来让博物馆变得更好。

博物馆是非常多元的。在我们的领域中已有诸多门类，如艺术、自然、军事、历史、技术、儿童，还可以涵盖动物园、水族馆、历史遗址、天文馆、植物园等。博物馆大发展时期，在新型博物馆如雨后春笋般出现之前，音乐体验馆（西雅图）、新闻博物馆（华盛顿特区）、泰特现代美术馆（伦敦）、第六区博物馆（开普敦）、因赫泰姆艺术中心（巴西布鲁马迪纽）、都柏林科学画廊尚且属于鲜见的创新类型。它们一方面根植于博物馆传统，同时又朝着不同的方向迈进。博物馆的规模也各不相同，从小型历史遗址（如位于马布尔黑德老市政厅的海事博物馆仅有两个房间，由志愿者运营）到庞大的美国史密森学会。博物馆的经营模式同样十分多样，如盖蒂博物馆由巨额捐款支撑，明尼苏达历史中心主要由公共基金资助，太平洋科学中心（西雅图）自负盈亏，耶鲁大学艺术馆则由耶鲁大学资助。博物馆行业海纳百川，既有摩根图书馆和博物馆（纽约）、NASCAR名人堂（夏洛特），也有卢浮宫（巴黎）、露西·德西喜剧中心（纽约州詹姆斯敦），还有丹佛自然科学博物馆、创造博物馆（肯塔基州彼得斯堡）。

20世纪90年代，据博物馆和图书馆服务协会（IMLS）估计，仅全美就有17 500家博物馆。在博物馆大发展时期，美国博物馆数量[①]明显增加，达22 000座～25 000座。其中，大部分为小型博物馆，但也有一些规模非常大。在全球范围内，博物馆也呈现出持续发展的势头，尤以中国和中东地区最为显著。

然而，美国的博物馆热潮已经结束。谁幸存了下来？谁将无法继续生存？建造一座博物馆充满了乐趣，但是维持其运营却颇具挑战。我们的经济、教育、文化生态系统能够支持多少座博物馆？博物馆的可持续发展将取决于它能否产生重要效益、衡量影响力和绩效，以及不断调整博物馆社区服务功能以适应日新月异

---

① 2014年，IMLS发布的最新数据约为35 000座，但这一数字是基于一个包括了类博物馆或博物馆相关组织等非博物馆机构的数据库得出的。

绪　论　　3

的社会需求。

本书的研究及出版正是基于上述因素，以及我对博物馆行业健康发展的关注。为了响应长期以来博物馆管理者和评估人员对用于博物馆评估指标的需求，本书的第一部分构建了一套行为理论来搭建博物馆研究与评估的框架，并确定了 14 种潜在影响类别；第二部分提供了量化博物馆年度影响力和绩效的步骤，包括博物馆自身历程的纵向发展以及与同行博物馆同时期的横向比较。

衡量影响力及绩效的必要性

正如 2010 年哈佛商学院关于非营利组织局限性的工作文件所述，所有的非营利组织都面临着证明自身影响的压力：

> 近年来，非营利组织、慈善机构及社会企业都浸淫在两大准则之中。自 20 世纪 90 年代初以来，随着资助人、纳税人、相关公民及客户对非营利组织在筹款、支出、管理以及利用所托资源产生的效益的透明度提出更高的要求，"问责制"的呼声越来越高。[1] 最近，这一论述集中表现为"影响力"准则，或在解决贫困、不平等等复杂社会问题方面所取得的成果。[2]（Ebrahim and Rangan, 2010）

---

[1] 原文注释如下：Ebrahim & Weisband, 2007; Gibelman & Gelman, 2001, 2008; Kearns, 1996; Panel on the Nonprofit Sector, 2005, 2007; Young, Bania, & Bailey, 1996。

[2] 原文注释如下：Brest & Harvey, 2008; Crutchfield & Grant, 2008; Monitor Institute, 2009; Paton, 2003。

如今，慈善部门需要借助由捐资方发起的评级体系来进行衡量，如数据艺术（DataArts）和慈善导航项目（Charity Navigator）。慈善导航的评估体系关注"该行业有史以来面临的两个最重要的问题：如何定义我们所做工作的价值，以及如何评估这些价值所在……以期能界定高绩效的非营利组织，并更好地直接对其进行捐赠"（Berger，Penna and Goldberg，2010）。除了基于财政指标的评级外，慈善导航项目还在研究评估影响力的方法。

多年来，博物馆及其利益相关者一直在使用关键绩效指标（KPIs）来监督发展状况（Legget，2009；Persson，2011）。常用的关键绩效指标包括一系列广泛的衡量指标，如建筑每平方英尺的能耗成本、成人与儿童观众门票比例、展出藏品的百分比，以及博物馆会员的平均参观次数等。这些我们耳熟能详的衡量方法使用运营、资源及市场数据来帮助管理层监控发展趋势和目标，但很少会将它们系统性地关联起来，进行影响力和绩效的评估。一套审慎选取的关键绩效指标正如飞机驾驶舱中的诸多仪表，飞行员仰赖其方可安全抵达目的地。为了实现自己的目标，博物馆需要对其关键绩效指标进行整合和优先级排序，以在整体上理解博物馆的发展方向及其关联。

博物馆在运营中已经开始使用数据。员工年度目标、参观量预测、拨款提案的数量等是数据的策略性使用中的常见例子。博物馆管理人员都有一套对其具有重要意义的指标和衡量标准，以便他们进行运营调整。在此基础上的下一步，是在前瞻性规划中战略性地使用数据以证明和提升博物馆价值。

萨拉·李（Sarah Lee）和彼得·利奈特（Peter Linett）在

2013年度 DataArts 对文化领域（包括博物馆、表演艺术及其他文化性非营利组织）数据利用的分析中指出：

> 关于文化领域，我们有着大量的数据，然而目前尚不清楚文化部门是否有效和战略性地利用了这些数据。这一领域似乎将要面临一个转折点，在这个转折点上，文化机构的长期健康发展、可持续性和效力很大程度上取决于该领域在能力提升方面的投入及集体行为。这一能力即战略性地利用数据并审慎地为决策提供信息。（Lee and Linett，2013）

李和利奈特还发现，文化部门需要解决一个问题，即"（文化机构）缺乏强有力的组织愿景来引导利用数据为内部规划和决策提供信息，而行业中也缺少类似的案例"（Lee and Linett，2013，1—2）①。

博物馆不是一座孤岛，只是落后了而已。博物馆负责人、IMLS前临时主任玛莎·塞梅尔（Marsha Semmel）指出："要为美国博物馆公共价值提供一个全面的、针对性的分析和先例，我们还有很多工作要做。"（Semmel，2009）

博物馆行业并不缺乏数据。我们有着数十年的评估研究资料、博物馆运营数据、财务报告、博物馆行业调查及政府报表。DataArts报告还发现了数据定义的非标准化问题，这意味着所有的数据并不易于收集整合。DataArts现有的在线调查正在为数据收集设定顶层标准，其侧重于采用会计学范畴的财务审计记录。② 理想状况下，这一标准化趋势将持续发展，DataArts采集

---

① 笔者是斯洛弗·利奈特为DataArts（前文化数据项目）所做的这项研究的顾问。
② 年度预算低于一定规模的机构无须进行财务审计。

的数据将突破博物馆财务范畴,并进一步深入考察其参与度和成效。

已故博物馆学家斯蒂芬·E. 韦尔(Stephen E. Weil)已经认识到,在博物馆所能企及的各种潜在成效中蕴藏着复杂性:

> 这种复杂性表明,随着时间的推移,博物馆领域需要有更为丰富、更有说服力的方式,来记录或展示其能为观众和社区所带来的各种益处和影响。让一些社会科学家担心的是,尽管其中有些方法是定量的,但更多的是定性的,甚至是轶闻性质的。重要的是,这些评估方法恰好与博物馆实际工作的复杂性相匹配。(Weil,2003,53)

为了解决复杂性这一问题,我们需要采用一套框架来反思和评量博物馆的成效、观众及支持者,其应当符合外界对价值的判断,理论上还要符合博物馆统计、会计系统以及通用的数据定义。

由于博物馆拥有多元的影响力、众多的观众和支持者,加之每一座博物馆都是独一无二的,它们以不同的方式来追寻各自不同的使命,因此很难在全球博物馆范围内构建一个放诸四海而皆准的标准,来衡量其影响力和绩效。博物馆的多样性和复杂性对以参观人次、藏品规模等过于简单的指标来评估其价值与影响力的做法提出了挑战。

研究方法

幸运的是,由于近期博物馆面临着证实和提升自身价值的压力,致使关于如何衡量价值的想法、数据和文献呈现出百家争鸣之态。如本书第一、二章所述,博物馆领导者、研究人员和评估人员提出了诸多方法来讨论和衡量博物馆提供了什么,而本书就着眼于这些涌现而出的模式。这些前期的工作(见附录B、资源文件、章节引注)提供了强有力的、全球化的研究样本,让我和白橡木研究所的同事们得以针对博物馆领域的复杂性来构建一个合理的框架。我分析了11个评估框架,梳理了51种出自学者、博物馆协会、特定博物馆管理者的指标建议,整合出1 025项博物馆影响力和绩效指标(MIIP 1.0)。在附录B中,每项指标都标注了出处和作者。

我在选择MIIP 1.0的资源库时所采用的方法,与众多调研对象大同小异,即对可以应用且具代表性的资源进行随机的、足够大样本的筛选。我关注国际视角、不同学科(艺术、历史、科学等),从不同的领域(评估者、调查工具、论著等)汲取信息。MIIP 1.0极有可能既包括了被广泛应用的指标,也涵盖那些未经测试的指标,尽管两者均来自专家。MIIP 1.0并非面面俱到,但1 025项指标的数据库已足够深入和具有代表性地洞见了博物馆影响和效益的维度,并探究了博物馆实现其影响和成效的共性所在。

本书所讨论的影响和效益均是博物馆活动的结果。它们从不同的角度描述了同样的结果:影响是博物馆想要达成的,效益则是社区、观众、支持者想从博物馆获得的。对于参观纽约弗里克美术馆(Frick Collection)的观众而言,有机会感受维米尔和其他伟大杰作的内在之美是一种效益,而对艺术博物馆来说则渴望能产生这样的影响。效益和影响并非总是如此统一。人们来到博物馆是为了获得各种各样的效益,但并非所有这些效益都是博物馆所期望的影响。博物馆同样可以追求任何人(包括捐赠者在内)都无法从中受益的影响,只是这种影响不会长久。博物馆可以决定其想要传播的效益,一切效益都有可能被博物馆转化为期望达成的影响。由于本书旨在帮助博物馆专业人员提升影响(impact),所以优先采用"影响"一词,但在涉及观众、支持者视角时也会使用效益(benefit)一词(参见附录 A "定义和假设")。

本研究还对第一章所述的相关评估理论进行了二次文献检索,进而形成了探究 MIIP 数据库模式和范围的框架,并使用第二章中介绍的各种标签表示。这项研究和分析促成了本书的评估框架,以及证实和提升博物馆对公共领域、私有领域、个人、机构的影响的一整套术语的形成,这些内容将在第三章中加以介绍。本书的第二部分将上述成果加以应用,以帮助各个博物馆针对自身独特的语境、资源及目标来量身定制评估标准。

总结分析

本研究对第一章中所述的关于公共价值的讨论加以扩展,平等地把私有价值和个人价值纳入考察范围,而不述及某一种价值或影响是否优于另一种的讨论。公共领域影响惠及全社会,私有领域影响有益于追求公共影响的企业、捐助者和私人基金会,个人影响则让个人、家庭、居民受益。鉴于有些博物馆的成果能对自身产生助益,本书还关注到了机构内部影响。

研究结果揭示了一个根本的博物馆行动理论,这一理论的七个步骤将博物馆潜在影响力的 14 个领域联系起来，解释博物馆如何以及为何产生影响。

第一章回顾了现有的非营利组织和博物馆评估框架，它们之间多有交集。通过分析这些重合部分，"博物馆行动理论"发展的七个步骤得以明确：（1）预期目标、（2）指导原则、（3）资源、（4）活动、（5）运营和评估数据、（6）关键绩效指标、（7）感知效益。依次具体展开，即指博物馆为其所在社区服务，由此确定其预期目标和期望达成的影响；接着根据其指导原则，博物馆利用其资源面向社区、观众和支持者开展运营活动，进而形成有价值的影响与效益；这些活动的开展会产生一系列运营和评估数据，可进一步被提炼为关键绩效指标，以考察博物馆的效力和效率。这一博物馆行动理论是一个双向循环（见表 3.1、表 9.1）的逻辑模型（见表 0.1、表 1.3）。

表 0.1　博物馆行动理论（逻辑模型版本）

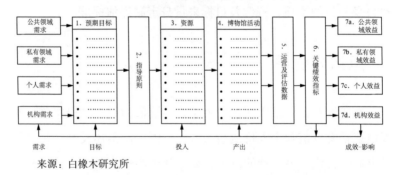

来源：白橡木研究所

第二章将上述理论应用于 MIIP 1.0 数据库，并归纳了 14 类博物馆潜在影响力。这些博物馆潜在贡献与效益可分别归于四大影响力板块，其中公共领域影响 7 项（包括扩大参与度、保护遗产、强化社会资本、提高公众知识水平、服务教育、推动社会变革、传播公众认同与形象)、私有领域影响2项(包括助力经济、提供企业团体服务)、个人影响3项(包括促进个人成长、提供个人休憩、欢迎个人休闲)以及机构影响2项(包括助益博物馆运营、筹集博物馆资金)。

表0.2 博物馆潜在影响的类型

	MIIP指标数量
公共领域影响	
A 扩大参与度	85
B 保护遗产	47
C 强化社会资本	76
D 提高公众知识水平	43
E 服务教育	56
F 推动社会变革	40
G 传播公众认同与形象	27
私有领域影响	
H 助力经济	85
I 提供企业团体服务	9
个人影响	
J 促进个人成长	147
K 提供个人休憩	4
L 欢迎个人休闲	11
机构影响	
M 助益博物馆运营	308
N 构建博物馆资本	87
MIIP 1.0 数据库总指标数	1 025

来源:白橡木研究所

绪　论

综上所述，本书构建了一个适用于任何博物馆的综合性、实用性框架，提供了一个指标数据库和一套相关术语用于评估和提升博物馆影响与绩效，并概述了为您的博物馆选择和应用合适的影响力与绩效评量方法的可行步骤。

有几个主题贯穿本书所有章节，我们也有必要对其逐一进行概述：博物馆价值观念，服务于众多对象的博物馆，整合"大数据"和"小数据"来为决策提供依据，规范和报告运营数据的必要性。

价值观念

博物馆、图书馆、公共电视等可供自由选择的学习机构与正规学校的运营有着本质的差异。博物馆被贴上非正式学习机构的标签——这一标签意味着博物馆并不是正式的学校，同时也暗示着博物馆在某种程度上标准更松。尽管或许上述两种说法都是正确的，但自由选择的学习机构强调的是每一个人都自主选择前来参观或支持博物馆。不同于有着处理逃学的校规的学校，博物馆的观众和支持者自愿与博物馆打交道。在一个日益喧嚣、竞争激烈的世界，博物馆必须为观众的时间、精力和资金而竞争。这意味着我们必须提供有价值的回报。

如果您同我一样遵循韦尔的观点，即博物馆的价值在于其所产生的影响，那么评估博物馆影响的路径之一，便是参考其他人是如何通过交换时间、精力和资金来评价其影响的。虽然我们无法评估总体影响，因而也无法对整体价值加以评量，但如本书第二部分所述，我们可以通过这些交换过程中价值的变化寻找蛛丝马迹，从而找到对应指标。

博物馆服务于众多对象

今天的博物馆已经融入社区的文化、教育和经济生态系统，它们需要通过市场竞争才能生存，并且获得发展的可能。博物馆面向不同的观众和支持者，追寻着多样的目标（Jacobsen，2014）。例如，博物馆接受付费观众、政府机构、私人基金及企业赞助商的支持，对学校观众和游客产生学习和旅游的双重影响。

传统博物馆将关注点放在内部发展的导向，希望通过某种特定的方式来改变受众。韦尔曾说："（博物馆）如何让一个人的生活变得更好？"（Weil，2000，10）而博物馆也认为自己可以"改变生活"（Museums Association，2013）。博物馆评估专家兰迪·科恩（Randi Korn）认为："使命宣言应该阐明博物馆的价值，反映工作人员心目中博物馆所要呈现的内容，并描绘出他们期待如何影响公众和社区的图景。"（Korn，2007）这是对博物馆运行原理的一种内在关注。我想表达的是，我们应当兼顾我们的内在期望以及来自我们所服务的观众和支持者的外部需求。他们需要我们做什么？他们觉得怎样使博物馆变得更好？他们为何要这么做？当然，为了最有效地解答这些"为什么"的问题，我们同时需要内外两种视角。

有意识地为观众和支持者提供满足其需求的效益，可能会改善博物馆在这些方面的影响和绩效，也为它进一步实现目标提供更多的机会。对于一座博物馆影响和效益的评估，需要对博物馆的贡献有更全面的了解，而不偏倚于任何博物馆潜在影响类型的相对价值。我们需要同样理性的方法来评量学习成效、社会和经济影响，哪怕有些看起来比另一些更有价值。面对日益激烈的竞争，我们需要向观众和支持者传递自身价值，使我们提供的一切效益发挥作用，以便维护博物馆长期享有的声誉和价值。

整合"大数据"和"小数据"来为决策提供依据

2009年，我曾在美国博物馆联盟观众研究及评估专业委员会（CARE）发表一篇演讲，后刊载于《策展人》（*Curator*）期刊。其中，我对博物馆行业提出了挑战：

> 我们需要将受众研究与（运营）研究结合起来，并且要从概念上、个人角度及可持续性方面加以实践……我们需要摒弃市场与资金在某种程度上是与学习和使命割裂的偏见……为了实现这一愿景，我们应当把观众与（运营）研究结合在一起……以同行前期工作为基础……将研究定义标准化……（并）扩展专业和组织能力。（Jacobsen, 2010）

本书对运营数据分析与（观众）评估研究加以平衡，以阐明博物馆所取得的成就及其达成路径。博物馆行业的两种文化均不断优化其专业知识：项目评估和观众研究是强大的调研工具，并且共享专业网络（如观众研究协会和CARE）；市场、开发及金融领域对于如何吸引观众及资金，如何跟踪运营情况，均有自己的高明"手段"。然而，这两大阵营尚未形成一个综合性的框架来将博物馆作为机构进行评估：我们做了多少有益之事？

或许我们可以从两位脸书和谷歌数据科学家那里获得连接上

述两个阵营的线索："以行为为形式的大数据和以调研为形式的小数据互相补充，并形成洞见而非简单的评量标准。"（Peysakhovich and Stephens-Davidowitz，2015）这之间存在一个整合环节：博物馆年度运营数据提供了越来越可靠和准确的行为图景（公众和组织实时的所作所为），而评估研究有助于我们理解他们为何这么做，并从中得到了什么。我们相信大数据会呈现诸如拨款更新率与拨款影响力成正比之类的信息，但我们仍需使用评估研究（小数据）对这些假设进行定期的验证，以观察大数据的变化与影响力的变化是否相关。这可以被提炼为博物馆评估的一句行话：不断评估，定期验证。

KPI 可以同时涵盖运营数据和定量评估研究结果。评估研究以定性结果见长，但诸如李克特量表（Likert scales）与条件价值评估等方法，可以将调研结果量化为数字。规模较大的调查允许使用交叉表及受访者比例分析。通过研究结果的评估和运营数据的利用，或可揭示出学有所得的观众数量，或是展厅拥挤程度与满意度之间的关系。

当我们对观众与支持者所做的集体选择（行为）所反映的专业知识予以尊重时，便构建起了评估研究和运营数据之间的另一座桥梁。例如，志愿者年轮班累计次数或平均轮班时间（运营数据）的变化，尤其是多次志愿者的变化，或许就是一个反映志愿者眼中该项目感受性质量变化的很好指标。这一指标或与博物馆"加强公民参与"的目标一致。然而，定性评估人员应当定期对代表性志愿者样本的感知质量或其他事项（意见数据）进行调研。通过对运营"大"数据和评估研究"小"数据的配对，可对衡量标准的意义进行检验和改进，并为是否提升志愿者项目的影响与绩效提供决策依据。

规范和报告博物馆运营数据的必要性

DataArts［前身为文化数据项目（Cultural Data Project）］建立了严格的标准和报告机制，用于从资助寻求方、文化非营利组织处收集、整合财务数据并形成报告，并且正在添加程序化的数据字段。非正式科学教育促进中心（Center for Advancement of Informal Science Education，简称 CAISE）开发了一套可供检索的科学学习数据库，诸多条目适用于科学博物馆语境。评估报告会在《观众研究》(Visitor Studies) 等博物馆专业期刊上予以概述。美国各州和地方历史协会（American Association for State and Local History，简称 AASLH）在其"观众很重要！"(Visitors Count!) 调研、"标准及卓越项目"（Standards and Excellence Program，简称 StEPs）中对比较和评估资源进行标准化。波士顿科学博物馆（Museum of Science, Boston）成立了一个全国性的在观众参观过程中体验研究的合作项目（Collaboration for Ongoing Visitor Experience Studies，简称 COVES），来构建通用的评量标准。儿童博物馆协会（Association of Children's Museums，简称 ACM）也建立了线上 ACM 基准计分系统。我所在的白橡木研究所与科学博物馆的评估部门合作，开发了博物馆影响与绩效指标评估模型（Museum Indicators of Impact and Performance，简称 MIIP）。同时，我也是 COVES 的顾问。

以上这些举措旨在强化、标准化并记录运营和评估数据，本书也抱持着同样的目标。然而，这些倡议都是近期才提出的，其长期影响与效益在本书写作时很大程度上还处在构想阶段。此前的数据标准化尝试，如20世纪90年代IMLS的呼吁、2007—2011年的博物馆运营数据标准（Museum Operating Data Standards，简称MODS）倡议①，并未产生实质性影响。此外，自纸质调研时代以来，相关协会运营的在线数据报告门户网站的参与度呈现出下滑趋势。在大多数人认可数据共享与标准化是一个有价值的目标的情况下，它为什么会遭到抗拒呢？

博物馆领域尚未对数据定义和采集方法进行统一，因为实现这样的一致性颇为困难：(1)必须建立整个行业的标准，但由于每个协会都已有各自的定义，没有协会愿意担此重任；(2)每个协会及博物馆都需要将其现有的定义与新标准加以比较，并判断这种努力和改变是否值得；(3)每座博物馆都必须能从通用的数据标准，以及报告自身数据的工作中获得有价值的益处。

针对上述阻力，本书在第一部分及附录A中设定了定义及通用的假设，并在第二部分中提供了为各个博物馆选择效益评估指标的流程。良好的公开数据有助于博物馆证明并提升自身的影响力，因此，博物馆急需良好的数据。

定义和语言

本书不采取任何立场，而是建立了一个独立于特定的"为什

---

① MODS是AAM和白橡木研究所共同发起的，笔者与福特·贝尔博士均参与其中。

么"及"目的"的中立框架。当然，我对博物馆的定义也借鉴了一些共识性的约定和假设（见附录 A，♯1）。这些约定和假设规定了非营利永久性机构应致力于追求外部公共领域、私有领域和/或个人效益，并努力以一定方式建设乔治·海因所谓的"更好、更民主的社会"。

我所使用的术语和定义均基于我们所熟知的博物馆实践，只是应用范围更广。一个值得一提的案例是：博物馆参与度是集合了所有博物馆活动的参与情况的总数，包括展厅参观人数、系列讲座出席人数、志愿者轮班、董事会会议、与合作伙伴的互动、拓展活动参与率等。实体博物馆参与度被定义为非博物馆雇用或合同人员前往博物馆所在地或馆外赞助项目的人次。人次是衡量个人投入精力（时间，往往也花费了金钱）的指标。参与虚拟博物馆活动所需的投入要少得多，但仍需要时间。

本书所有章节统一使用附录 A 中的术语和定义，不过我发现，每家博物馆都有自己的一套术语体系，如观众和对外服务。博物馆领域的主要障碍之一便是缺乏通用的语言和定义体系（Lee and Linett，2013），因此，我谨慎地选择行业内久经检验、被广为接受的可用定义作为研究基础。这些定义在具体的情境下效果最佳（如实地参观者），但我们也需要更广泛的术语（如项目参与者），以及一些尚未评量过的术语（如停留时间）。

当然，博物馆并非有着精确边界的工程体，有些定义的边界相对比较模糊。博物馆是有机的、流动的、不断变化的，至少幸存下来的博物馆都是如此。诸多上层的术语，如价值、影响、绩效和效益等，都无法加以精确的定义和评量。很多术语大体上可以认为是同义词，但却有着不同的内涵，如结果、目的、使命、目标、成果、感知效益、影响和价值便是一组特殊的同义词。博物馆希望从实际活动中得出以上定义，但每个词所包含的期望不尽相同，以至于产生了一些混淆，对合作和改进造成阻碍。

章节的组织与排序

本书分两个部分阐述关于博物馆"为什么"以及"怎么样"的基本问题。博物馆领导者如何理解他们所拥有的丰富的数据、观点及建议？基于他们的理解，博物馆如何继续更有成效、更为高效地发展？每一章都将围绕具体的问题进行阐述。

两个部分的写作风格大相径庭。"第一部分　理论"的论述较为学术，其案例引自资深权威。第一部分强调的是构建评估框架的研究和分析流程。"第二部分　实践"更具对话性和启发性，聚焦于"您"，强调的是作为博物馆专业人员的"您"可以采取的行动。

章节的组织与排序

第一部分　理论

　　第一章　探究博物馆的行动理论：博物馆如何从其预期目标转向实际结果？

　　第二章　识别博物馆潜在影响：博物馆能为社区、观众及支持者带来哪些潜在影响及效益？

　　第三章　评量影响力：博物馆行动理论及 MIIP 1.0 影响力评估分析有哪些启示与逻辑推论？

绪　论

> **第二部分　实践**
>
> 　　第四章　从理论到实践的转化：博物馆专业人员如何在实践中应用这些理论？我们要如何衡量影响力和绩效？
>
> 　　第五章　以博物馆目标及影响为重：现有观众和支持者如何从博物馆获益？在理解他们的所需所想后，博物馆如何对设定的目标及所期待的影响进行筛选和优先级排序？
>
> 　　第六章　确定博物馆绩效评估指标：管理部门如何选取指标来评量影响力与绩效？博物馆如何对指标的有效性进行定期检验？
>
> 　　第七章　与同行博物馆的比较：在相似的境况下，如何与博物馆同行进行绩效比较？
>
> 　　第八章　报告影响力与绩效的变化：博物馆如何构建数据导向的文化？
>
> **总　　结**
>
> 　　第九章　总结与未来发展潜力：我们已经达成了什么？如何进一步推进博物馆领域、您所在的博物馆及自身专业的发展？前景如何？

　　部分内容都使用了可供免费使用的 Excel 格式的 MIIP 1.0 数据库（见本书附录 F "如何获取 MIIP1.0 和博物馆行动理论"中提供的网址）。第一部分将其用于研究，第二部分则允许您将其作为初始参考数据库及可供采用的现有指标的汇总表。

根据需要调整理论与工具包

本书第二部分涉及的几项操作流程已尽可能考虑简便与细节的平衡。在实际应用中，可以删减或增加一些步骤，这样的调整是必要的。无论是过程还是结果，都必须因馆制宜。

为了评估博物馆影响力与绩效，选择和分析合适的评量标准需要时间的投入、管理上的重视以及领导部门的指导。它需要数理能力——因为评估结果是数字，而 KPI 是公式。它还需要创造力和谦逊的忍耐力。本书最后的 16 张工作表（一组已填写的为"博物馆样例"，另一组空白的供调整用）令人望而生畏，但这些工作表旨在说明诸多可能的步骤和变量。每座博物馆都可以自行决定哪些步骤适合自己。

这一过程通过 Excel 数据库对源自多个出处的众多选项予以标记和分类，再进行分析。不过，您也可以使用其他方法，比如概念映射或是在墙面上贴满便利贴。您可以根据自身需要来调整本书提供的建议。

您可能会发现一些想要的数据尚不存在，有些理想的 KPI 所需的数据字段还未采集。或许您还未记录下哪些老师反复前来，或是没能区分参观人数中的游客与当地居民，抑或是没有对观众满意度进行持续跟踪。尽管博物馆所获取的数据质量和数量不断提升，但本书率先提出了一些尚未提供的数据需求。在这种情况下，就需要使其适应现有数据，或构建新的数据采集流程。

做好 KPI 筛选工作所需的时间、资源以及收集所需数据的配置都是潜在的挑战，但我们必须始于足下，从现有的开始。此外,也有可以缓解这些问题的因素存在:博物馆目前投入战略规划的工作量可以被转入这一方面,形成一个循环,如此一来,在涵盖原有业务内容的基础上,还附加了博物馆影响力和效益的评估方案。DataArts 和各博物馆协会正在努力提升对管理者的数据收集的要求,随着数据质量、透明度和数量的提升,缺乏时间和资源的管理者可以更为直观地选择 KPI 加以应用,并在实践过程中不断优化。

我们何其有幸,能站在博物馆协会、博物馆管理者及专家学者夯实的基础之上开展研究。MIIP 1.0 提供了以往工作的大量样本,为研究潜在指标节约了大量时间。

小　　结

我对于博物馆的看法有别于其他人。作为一名博物馆规划师,我必须以更为长远和综合的视角来为博物馆客户制订总体规划。而作为数十年来服务于不同博物馆的工作人员,我了解博物馆的多样性,也知晓将种类繁多的博物馆联结起来的通行的专业实践模式。所有的博物馆都试图"改变生活",但每家博物馆都有自己的目标、方法、资源、活动、观众、支持者及影响。鉴于考量博物馆影响与绩效的需要,它不再是如何避免衡量标准的问题,而是如何选择合适的指标,即那些最接近您想达成之目标的指标。

由于博物馆行业仍缺乏公认的方式来评估影响力,因此,我们需要采用一套通用的框架和语言体系。我认为,为了确立影响和绩效指标,我们需要:(1)调整我们对博物馆既定的看法,将其视为目标多元的社区服务机构,而不仅仅是以使命为核心的组织;(2)认识到除了公共影响之外,博物馆还可以对私有领域、个人及机构自身产生影响;(3)承认对于博物馆而言,有些关键绩效指标(KPI)也可能是影响力的证明;(4)接受没有放诸四海皆准的博物馆标准。与此同时,每家博物馆都需要声明其发展目标、行动理论及评估指标。

本书提供的框架并非用来评判所有博物馆的统一标准。恰恰相反,我认为"为什么"和"怎么样"的多样性是博物馆领域的财富和创新的源泉,正是包容与多元让这个行业更加丰富多彩。这个框架允许 AAM 评估委员会、艺术博物馆协会(Association of Art Museum Directors)等其他机构设置更为优化的会员筛选机制,评论家们也可以就博物馆应当做什么、采取什么形式发表他们的意见,我并不认为社会能从单一的标准中获益。随着时间的推移,或许会出现一些通用的指标,很有可能是一套衡量博物馆活力和影响力的动态变化的指标。然而,现在并不是为所有博物馆设定统一评分体系的时候,这个目标本身既不可取,也不现实。

不过,现在,为博物馆构建一套衡量其影响与绩效的框架体系正当其时。博物馆需要根据社区的变化不断发展。本书提供了理论、工具及流程来帮助博物馆应对授权方和赞助方对于评估标准的需求,并使用 KPI 对自身影响及绩效进行评估和改进。通过对博物馆运作原理与方式的探究与理解,我们可以让博物馆变得更有价值。

本章参考文献[1]

Berger, Ken, Robert M. Penna, and Steven H. Goldberg. "The Battle for the Soul of the Nonprofit Sector." *Philadelphia Social Innovations Journal* (May 1, 2010). Accessed October 8, 2014. http://www.philasocialinnovations.org/site.

Ebrahim, Alnoor, and V. Kasturi Rangan. "The Limits of Nonprofit: A Contingency Framework for Measuring Social Performance." *Harvard Business School*. May 2010. Accessed October 29, 2014. http://www.hbs.edu/faculty/Publication%20Files/10-099.pdf.

Gates, Bill. *Annual Letter*. January 2013. Accessed October 21, 2014. http://www.gatesfoundation.org/Who-We-Are/Resources-and-Media/Annual-Letters-List/Annual-Letter-2013.

Hein, George E. "Museum Education." In *A Companion to Museum Studies*, by S. MacDonald. Oxford: Blackwell, 2006.

Jacobsen, John W. "The Community Service Museum: Owning up to our Multiple Missions." *Museum Management and Curatorship* 29, no. 1 (2014): 1-18.

——. "A Research Vision for Museums." *Curator* 53, no. 3 (July

---

[1] 译者注：参考文献遵照英文原著格式。全书同。

2010): 281-89.

Korn, Randi. "The Case for Holistic Intentionality." *Curator* (April 2007): 255-64.

Lee, Sarah, and Peter Linett. "New Data Directions for the Cultural Landscape: Toward a Better-Informed, Stronger Sector." *Cultural Data Project* (now DataArts), December 2013. Accessed October 8, 2014. http://www.culturaldata.org/wp-content/uploads/new-data-directions-for-the-cultural-landscape-a-report-by-slover-linett-audience-research-for-the-cultural-data-project_final.pdf.

Legget, Jane. "Measuring What We Treasure or Treasuring What We Treasure?" *Museum Management and Curatorship* 24, no. 3 (2009): 213-32.

Merritt, Elizabeth E., and Philip M. Katz. *Museum Financial Information 2009*. American Association of Museums, August 1, 2009.

Museums Association. "Museums Change Lives." Museums Association. July 2013. Accessed November 4, 2014. http://www.museumsassociation.org/download?id=1001738.

Persson, Per-Edvin. "Rethinking the Science Center Model." *Informal Learning Review* no. 111 (November-December 2011): 14-15.

Peysakhovich, Alex, and Seth Stephens-Davidowitz. "How Not to Drown in Numbers." *New York Times*, May 3, 2015, SR 7.

Raymond, Susan U. *Nonprofit Finance for Hard Times: Setting the Larger Stage*. Hoboken: Wiley, 2010.

Semmel, Marsha. "How Do We Prove the Value of Museums?" *AAM Annual Meeting*. Institute of Museum & Library Services, 2009.

Weil, Stephen E. "Beyond Big & Awesome Outcome-Based Evaluation." *Museum News* (November/December 2003): 40–45, 52–53.

—. "Beyond Management: Making Museums Matter." *INTERCOM: International Committee on Management*. 2000. Accessed 2015. http://www.intercom.museum/conferences/2000/weil.pdf.

第一部分
理论：博物馆运行原理及方式

- 第一章　探究博物馆行动理论
- 第二章　识别博物馆潜在影响
- 第三章　评量影响力

第一章 探究博物馆行动理论

博物馆是如何将目标转化为实际成果的？

博物馆影响和绩效评估的开展需要理论来检验和指导。博物馆及大部分其他组织都是基于变革理论来运作的，即我们若采取某些行动，就会产生相应的结果和影响。假设我们举办了一场关于传染病的展览，那么观众就应当会提升他们的意识，改变自身行为。其后，我们可以通过他们是否有所改变来对这一理论加以检验。从组织层面而言，当西雅图陆荣昌亚洲博物馆（Wing Luke Museum of the Asian Pacific American Experience）在所在社区举办展览和活动，博物馆就应被视为整个共同体的一分子，社区的社会资本和认同感也应得以加强。

以上便是所谓的行动理论。那么，有没有适用于所有博物馆的基本行动理论呢？就简单层面而言，答案是肯定的。如果博物馆达成了其既定目标，那么其预期的影响就应显现出来。然而，这一简单的起止关系忽略了意图与结果之间所有的过程。那么，什么样的行动理论可以将两者联系起来？博物馆如何开展工作？弗吉尼亚科学博物馆（里士满）的展品应当如何吸引和启发青少年？只有当我们把流程与活动（即博物馆如何真正实现其目标）结合起来，方可着手进行影响力与绩效的评估，并促进管理部门改善其流程与活动。

本章构建了一套博物馆行动理论，作为开展博物馆评估与业务的方法。我们可以在众多前期工作的基础上添砖加瓦，而不必另起炉灶。尽管如此，我们仍需对这些理论与评估框架进行整合，以适应博物馆的多样性。

问责的必要性

公共资助机构、私人捐助者及基金会对于问责与评估的重视，引发了一系列对于非营利组织公共价值的讨论。作为非营利组织的一个门类，博物馆行业也对价值问题给予了关注，具体体现在学术文献、博物馆协会调研及各博物馆及其领导者的实用指标一览表中。

对于博物馆影响力及绩效评估的必要性已在引言中加以论述，并引用了哈佛商学院、面向各类非营利组织的慈善导航项目、面向文化类非营利组织的 DataArts、博物馆及图书馆服务协会以及斯蒂芬·E. 韦尔的相关论述。

在商界，彼得·杜拉克（Peter Drucker）、彼得·圣吉（Peter Senge）和吉姆·柯林斯（Jim Collins）都曾提出通过使用战略指标来管理组织的方法。这些方法在卡普兰和诺顿的平衡计分卡的应用之后得到了进一步的发展。

幸运的是，关于博物馆影响力评估的诸多实践和建议，在各国文献、博物馆实践、博物馆协会及现有的人口和社会统计数据中并不鲜见。国际上对于非正式教育也有颇多研究。非正式环境下的科学学习（Bell et al.，2009）是对在博物馆及其他非学校环境下的非正式 STEM（科学、技术、工程与数学）学习的相关知识的极佳整合。此外，还有关于博物馆对其观众、社区及经济的影响力的研究（Bradburne，2001；Garnett，2001；Science Centre Economic Impact Study，2005；Museums Association，2013）。

至少有三本学术期刊致力于博物馆公共价值及经济因素的研究，分别是 2009 年 9 月出版的《博物馆管理与职能》（*Journal of Museum Management and Curatorship*）第 24 卷第 3 期，先后于 2010 年夏季与秋季出版的《博物馆教育》（*Journal of Museum Education*）第 35 卷第 2 期、第 3 期以及 2012 年秋出版的《展览人》（*The Exhibitionist*）第 31 卷第 2 期。

2009 年 9 月出版的第 24 卷第 3 期《博物馆管理与职能》特刊聚焦于"博物馆价值"，刊载了卡罗尔·A. 斯科特（Carol A. Scott）《探索博物馆价值的证据基础》（The Evidence Base for Museum Value）一文。在此后出版的《博物馆与公共价值：创造可持续的未来》（*Museums and Public Value: Creating Sustainable Futures*，C. A. Scott，2013）一书中，斯科特汇编了 11 篇文章，她的导论涵盖了博物馆价值方面的诸多观点。尽管业界已有一些构建博物馆评估框架体系的尝试（Friedman，2007；Falk and Sheppard，2006；D. Anderson，1997；Baldwin，2011），但是缺乏支撑性数据基础的问题直到最近才得以解决。如今，以下原因使得这一目标的实现成为可能：（1）博物馆运营数据透明度的提升（M. L. Anderson，2004；Stein，2009）；（2）越来越多的评估结果在观众研究网（http://www.visitorstudies.org/）、非正式科学教育网（http://informalscience.org/）以及 NSF 的在线项目监测系统上发布；（3）新的全国博物馆运营数据汇总形成，如儿童博物馆协会的在线数据库、DataArts、Guidestar 收集的 IRS990 数据表及其他在线博物馆数据。

关于博物馆价值的讨论亦是对其影响力的探讨。博物馆的价值在于其贡献：博物馆如何改变了一个人的生活？如何改变了世界？本书聚焦于对博物馆整体价值/影响的衡量，而不是针对其诸多独立的项目。博物馆今年取得了什么影响？为了谁？以怎样的代价/价值？

探究现有评估框架的共性及基本假设

研究综述也提出了博物馆和其他非营利组织的评估方式以及组织和使用指标的方法。

下文涉及的 11 种论述阐释了博物馆评估框架的指标构成，具有如下共同的基本要素：有需求；有组织和资源来满足这一需求；有受益的观众。更专业的表述是，对于某一路径的投入在观众端形成互动的结果。进一步研究这些互有交集的框架体系，可以得出一套更为详细、更具可使用性的行动理论。

马克·摩尔（Mark Moore）的战略三角与公共价值：在非营利组织领域，摩尔的战略三角（Weinberg and Lewis, 2009）已被广泛应用于政府资助的社会服务。摩尔提出的三角关系，即授权方与运营方（机构）合作实现双方共同的公共价值。当授权方、运营方与公共价值三者一致时，所产生的价值是最富成效的。摩尔以政府资助机构为关注点，认为"政治仍然是公共价值的最终仲裁者，正如个人的消费决策是判断个人价值的标准"（Moore，转引自 Alford and O'Flynn, 2009, 177)。这一观点或许适用于政府及大学博物馆, 但北美绝大多数博物馆都是由公共、私有及个人资源共同赞助的, 除了政治, 还要关注社会力量和消费市场。

公共价值是摩尔理论的核心, 而且如前所述, 它也是博物馆价值相关论述的关键词, 因此明确其意义颇为重要。阿尔福德和奥弗林在研究摩尔的著作时发现, 公共价值往往大于公共利益, 这是因为"其蕴含着一种主动的增值意识, 而不是被动的利益维护观念"(2009, 176)。他们还指出, 公共价值是暂时的, 并且比受众价值更难确定:

> 在面对由环境催生的物质和社会问题时, 政策或目标的制订颇有价值。公共管理者或许无法从绝对意义上来定义什么是有价值的, 但他们可以设法确定(或者让别人确定)某个既定目标在特定情况下是否比另一个更有价值。在这一过程中, 他们可以借鉴项目评估或收益-成本分析等政策分析工具, 但这些都是用来辅助理解和认识的, 而不是政策的裁判。(Alford and O'Flynn, 2009, 176)

这一论述提醒我们, 指标不是政策, 而是政策选择和管理决策的依据。在使用任何指标时, 都应附注警示: "此项指标仅供参考, 若将其作为指导会存在一定风险。"指标并非行军指令或补偿指数, 而是对于当前所处位置与近期发展趋势所做的信息分析。为了在瞬息万变的环境中不断进步, 博物馆所选取的指标不仅仅是一张成绩单, 其应当有助于博物馆领导者做出有远见的选择和渐进式的改变。同时, 指标的选取也应当是不断优化的。

对于包括博物馆在内的非营利组织而言,需要从定量(数字)和定性(故事)两方面对其影响力和价值进行评估。非营利组织的核心,是通过动人的故事和行动理论的阐释来推动公众的支持与参与。如摩尔所言,"一个企业若想成功地创造价值,其领导者需要有一个故事或理由来讲述企业所追求的价值或目标"(转引自 Alford and O'Flynn,2009,177)。理想的情况下,指标也能说明一些问题,间接向授权方证明博物馆的故事确有其事。

还有一些研究将摩尔的战略三角扩展到评估框架中。例如,科尔(Cole)和帕斯顿(Parston)在其公共服务价值模型(Public Service Value Model,简称 PSVM)中所采用的方法是"评量一个或一系列组织在年复一年的运营中所取得的成果和成本效力。这一方法论给予了公共管理者一种用来评估组织绩效与该组织历年来平均绩效的相互关系的思路"(Cole and Parston,转引自 Alford and O'Flynn,2009,185)。

基于理论的评估:比尔克梅亚(Birckmayer)和魏斯(Weiss)在《评估评论》(*Evaluation Review*)上发表的《基于理论的评估实践:我们学到了什么?》(Theory-Based Evaluation in Practice: What Do We Learn?)一文中指出:"任何项目都有其理论基础,不管这些假设有多薄弱。项目人员会对其策划的一系列活动所产生的预期成果做一定的假设。"(Birckmayer and Weiss,2000,426)博物馆若想以某种方式来改变世界,那么关于其所带来的变化及其衡量方式的理论是什么?他们的研究与博物馆息息相关:

> 基于理论的评估实践(Theory-Based Evaluation,简称 TBE)是指一种对于项目所基于的假设有非常高的细节要求

的评估方法：从开展活动的内容、影响、后续项目、预期反馈、后期情况等，到预期的成果。① 随后，评估按照每个步骤的顺序进行，以确保每个环节都实现了目标。（Birckmayer and Weiss, 2000, 408）

TBE 基于变革理论和/或行动理论之上，尽管在有些人看来，两者并无二致。也有人认为两者在层级上有所不同，即变革理论更为宏观（如博物馆利用其资源来改变生活），而行动理论则具体到实现预期变化的路径、步骤和行动。哈佛家庭研究项目（Harvard Family Research Project）在《评估交流》（*The Evaluation Exchange*）上发表了一篇关于新兴评估战略的研究，来自基金公司的克劳迪娅·维斯博德（Claudia Weisburd）和塔玛拉·斯奈阿德（Tamara Sniad）进一步阐明了这一区别："变革理论确定了预期会发生的某类社会变化的进程。行动理论则规划了变革理论中的具体路径，或是某一组织为了达成变革所扮演的角色，这些规划都是由如何使其在变革过程中产生最大价值的评估而来的。"（Weisburd and Sniad, 2005/2006, 3）。更加详细、可观的行动理论能够更有效地解决博物馆行业的复杂性和构建意义重大的评估框架这两大难题。TBE 便是如此。

逻辑模型：逻辑模型与变革和行动理论非常类似，只是对每个环节加以界定。凯洛格基金会（W. K. Kellogg Foundation）在其对资助申请者的评估手册中，将逻辑模型定义为"关于项目如何运作的图景，即项目所运用的理论与假设……这一模型可视作

---

① 原文注释如下：Suchman, 1967; Weiss, 1972, 1995, 1997, 1998; Bickman, 1990; Chen, 1990; Chen and Rossi, 1987; Costner, 1989; Finney and Moos, 1989。

项目的指导方针,强调项目如何开展、各类活动的先后以及如何实现预期成果"(Kellogg,2006,1)。这一传统的单向逻辑模型将项目目标、资源投入、活动、产出、成效、影响与社会价值逐个联系在一起。凯洛格基金会将其从左至右按序制图(见表1.1),将逻辑模型的每个步骤水平连接,以评估项目将资助金转化为社区影响力与公共价值的效力与效率。

利用逻辑模型来对整个博物馆及其所获资助的项目进行评估的做法非常具有吸引力。但是,单向逻辑模型基于博物馆与世界是相对的这一假设,即博物馆(我们)的目的是改善世界(他们),且对博物馆的评价与价值判定取决于"我们"是否成功改善了"他们"。随着更为丰富和广泛的社会效益的产生,博物馆与外界之间的共生关系也日益显现:周遭的世界也想让博物馆变得与众不同。他们完全有权利这么做,因为这个世界就是我们的观众、捐助者、社会、城市、文化、社区和/或市场,他们在为我们买单。因此,博物馆逻辑模型应当是循环或双向的。

表1.1 基本逻辑模型

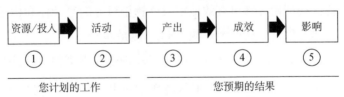

来源:凯洛格基金会,《逻辑模型构建指南》,2004年。

吉姆·柯林斯与刺猬理念:商业分析师吉姆·柯林斯在其《从优秀到卓越及社会机构:关于从优秀到卓越的专著》(*Good to Great and the Social Sectors: A Monograph to Accompany Good to Great*)中,将其为商业领域开发的框架应用于非营利社会机构。他指出：

> 伟大的成就来自……对三个相互交叉领域的理解：您能在什么方面成为世界顶尖？您对什么充满热情？是什么最能驱动您的经济或资源引擎？（Collins，2005，34）

> 商业和社会机构之间最基本的不同（在于）……关键问题不是"我们有多少盈利，而是如何构建一个可持续的资源引擎来实现与使命相关的更为卓越的表现"（18）。

博物馆董事会成员会就自身经营组织的经验，提出他们认为行之有效的方法，这对博物馆而言，有如翻阅一本本商业畅销书。除了吉姆·柯林斯之外，彼得·杜拉克和彼得·圣吉两位商业大师（Jacobsen，2014，2）也对博物馆行业影响颇深——采用已故的组织指导者罗伊·沙弗（Roy Shafer）所提出的博物馆核心理念，即聚焦使命、愿景声明、核心价值和决策框架。

然而，当前博物馆所面临的问题在于对绝大部分大中型博物馆而言，聚焦使命是一种奢侈，因为它们还必须服务于资助者和客户。吉姆·柯林斯建议组织机构要像刺猬一样，将一件事情做好（蜷成一个刺球），而不是像它的敌人狐狸那样成为狡猾的、杂而不精的万事通。在自由选择的市场经济浪潮中，博物馆已变得更像狐狸，而不是刺猬。因此，接受来自多方资助的博物馆更有可能会像狐狸那样思考，而不是如刺猬一样行动。

博物馆理论：我们还需要从博物馆是什么、为何存在、为谁而生等概念和假设入手，来构建博物馆的概念框架。本书以国际博物馆协会（ICOM）对博物馆的定义①以及北美、英国、欧盟地区博物馆可能公认的四大概念为基础，尽管其含义尚有模糊之处：

1. 斯蒂芬·韦尔在介绍约翰·科顿·达纳（John Cotton Dana）20 世纪 20 年代的精选作品时，引用了达纳的观点：博物馆应发现社区的需求，并使博物馆满足这些需求（Peniston，1999，16）。

2. 韦尔在其博物馆理论中，将博物馆的价值建立在它所取得的成就之上。博物馆的资源是达成目标的手段，而绩效评估则针对的是博物馆实现其目标的效力及使用资源的效率（Weil，2002；2005）。

3. 约翰·福克（John Falk）和林恩·迪金（Lynn Dierking）在介绍其情境学习模型时，强调了博物馆独特的自主选择性学习模式，这一模式符合个人与社会文化在物理环境中的需求（Falk and Dierking，2000，xii；Falk and Sheppard，2006；Falk and Dierking，2012，33）。自由选择意味着博物馆处于一个由消费者控制的竞争市场之中。人们没有义务必须造访博物馆，也不一定要为博物馆提供资金支持。这是博物馆的运行模式与学校及其他正式教育机构的本质区别。我们必须吸引观众与支持者并使其从中获益。

4. 乔治·海因（George Hein）在约翰·杜威（John Dewey）的渐进式教育的基础上，提出了一个被广为认同的博物馆

---

① 国际博物馆协会对博物馆的定义是："博物馆是一个为社会及其发展服务的、非营利的永久性机构，向公众开放，为教育、研究、欣赏之目的征集、保护、研究、传播、展示人类及人类环境的有形遗产和无形遗产。"（ICOM, 2007）

广义使命：建设一个更美好、更民主的社会（Hein, 2006, 349）。

这些概念基础对当今的博物馆领导者有如下启示：

- 达纳的观点：博物馆有责任为所在社区提供满足其需求与期待的服务。
- 韦尔的观点：博物馆须利用其资源（手段）来达成其目标（结果），并就此对其成效与效率进行评估（绩效）。
- 迪金与福克的观点：博物馆身处竞争激烈、自由选择的市场，通过提供观众与支持者认可的物质和社会服务实现运转。
- 海因的观点：博物馆期望使世界变得更美好、更民主，如促进社区发展和社会公益。

综上所述，这些概念构成了博物馆经济理论的基础：社区资助博物馆，使其利用资源提供高效的服务，来反哺社区。博物馆不会将所得收入据为己有，而是有效地提供相关服务，为社区发展和社会公益做出贡献。

项目评估框架：美国国家科学基金会的非正式科学教育项目（National Science Foundation's Informal Science Education program，原简称为 NSFISE，现为 NSF-AISL）在其《非正式科学教育影响力评估框架》（*Framework for Evaluating Impacts of Informal Science Education Projects*）中，构建了一个基于逻辑模型的评估方法，将其业务工作按预期影响、所需投入、开展活动、活动产出、个人成效、项目战略影响的顺序层层推进，最终回溯至开端，与项目目标进行比较（Friedman, 2008, 36）。

这一框架体系借鉴了早期的评估经验，并在以观众研究协会

（Visitor Studies Association，简称 VSA）和 CARE 为代表的非正式教育评估领域，成为构成话语体系和期望值的一大因素。美国国家科学基金会（NSF）的贡献之一在于确立了非正式学习影响的类型，如"意识、知识或理解、参与或兴趣、态度、行为、能力、技能和其他"（21）水平的变化。针对这些不同类型的影响，NSF 要求评估人员明确将通过哪些指标来监测影响的发生，哪些指标类型、达到何种程度可以视作影响产生的依据（23）。独立项目针对其目标观众进行影响力分类和评估的方法，构建了考察其他类型成效的话语体系和先例。

为了避免不恰当的期望值或方法的引入，明确项目评估与博物馆评估之间的差异尤为重要。NSF 的框架以及 VSA 和 CARE 开展的众多观众评估研究都是基于项目进行的，而不是作为机构的博物馆。与项目相比，机构更为复杂，它不仅仅是其每年项目的简单总和，一座具有活力的博物馆对于其社区、观众和支持者而言有着长期的影响力和相互关系。项目往往具有明确的目标，在部分项目中，只要评估证明结果与期望值有所不符，就能吸引持续的资金支持；而博物馆则有多重使命、多样的观众以及多元的资助者。调研记录显示，项目可以在单个的参与者身上体现成效，博物馆则对其大量的观众、社区产生影响。项目及其参与者（单体）与博物馆及其社区（综合体）的运作尺度不同，因此，博物馆更适合通过系统化、社会层面的框架来进行评估。

这也意味着博物馆除了对其项目进行评估之外，还需关注运营数据和市场人口统计。对博物馆年度运营成果的评估与某一独立项目的评量大相径庭，不过，机构评估仍可以审慎地采用一些项目评估的方法与语言。

基础设施模型： 在 20 年前，由 NSF 资助召开的科学与技术中心协会（Association of Science-Technology Centers，简称 ASTC）领导人会议上，马克·圣约翰（Mark St. John）和黛博拉·佩里（Deborah Perry）在其《非正式科学教育投资：评估与研究框架》（*Investments in Informal Science Education: A Framework for Evaluation and Research*，Perry, Huntwork and St. John, 1994）中构想了一种不同的博物馆评估方法：

> 我们将对于展览策划及其他非正式科学教育的资助视作对基础设施的投资。由此，这类投资应当根据一套适用于基础设施评估的标准来进行评量，而不是根据对到访公众产生的直接和即时"影响"来判断。（Perry, Huntwork and St. John, 1994, 6）

这种将博物馆作为基础设施的模式认为，评估博物馆的标准在于它是否扮演好了在社会文化、教育、公民及经济体系中的角色：这座城市是否有足够多高质量的休闲景点？是否有足够多的儿童互动展厅？是否有吸引游客的大片放映场地？是否有足够多可靠的地方来举办社区聚会和庆典活动？这类评量是定量的：一座博物馆或城市可将其总资产数据（如展览空间总数、活动空间数、藏品规模、员工人数、捐助额等）与其他社区的同行进行比较，来明确哪些领域需要扩展，以便赶超同行水平，进而增加社区的基础设施。

斯科特的价值类型学理论： 前述的几个框架均着眼于博物馆专业人员口中的博物馆目标，不过，博物馆研究员卡罗尔·斯科特也关注最终结果，即终端用户眼中博物馆所提供的价值。斯科特的研究针对两大群体——利用博物馆的公众和博物馆从业人员来探究共同的价值基础，以及这些共有的价值观如何与某一类型的价值相关。

对公众和资助者的调查结果体现了博物馆在观众和支持者眼中的感知价值。感知价值也被称为终端用户及客户的利益与成效，业界围绕其分类开展了诸多尝试。英国博物馆协会近期将"不列颠这么想"（Britain Thinks）开展的一项公众调研结果进行分类，形成三类感知效益：改善福祉；创造更好的地方；启迪公众与思想（Museums Association，2013，5）。大卫·史蒂文森（David Stevenson）开展了一项关于苏格兰公民眼中苏格兰国家博物馆的感知价值的调研。他在调研中询问受访者最看重该博物馆的哪一点，是否直接利用过博物馆，若博物馆经费断流，他们是否愿意每年多缴税来填补空缺。他运用条件价值评估法（又称意愿评估法）将博物馆对于苏格兰公民的价值货币化，结果远高于政府对于博物馆的实际支持。

斯科特在其《倡导博物馆价值》（Advocating the Value of Museums）一文中报告了文献综述的成果，她观察到：

> 在关于这一主题不断推陈出新的文献中，价值被跨维度地描述，并认为其主要面向三类受益群体。涉及的维度包括工具价值、内在价值、机构价值及使用价值；受益群体可以是个人、社区和经济。（C. Scott，2007，4）

斯科特对证明上述四个维度的基础进行了测试（经笔者摘选整理）：

> 工具价值：是指通过经济效益（如公民品牌、旅游、就

业及对地方经济的乘数效应等)、社会效益(包括增长的社会资本、融合度、社会凝聚力、多元文化的包容、城市更新及公民参与)和个人效益(如学习、个人福祉与健康等)体现的实用主义和工具效益。(C. Scott, 2007, 4)

内在价值:是无形的博物馆体验的核心。对于个人而言,内在价值通常是一种"吸收和深度满足的状态"。看到或经历令人动容、颇具意义的艺术作品或文化体验所带来的"愉悦",会催生对"个人意义"的探究;"个人信仰存在于普遍真理之中"的探索,满足了我们体验"宗教性、神圣性与崇高性"的需求。(McCarthy et al., 2004, 引自 C. Scott, 2007, 4)

还有一些内在效益是集体体验。最具象征意义的是……"创造社会纽带"以使"人与人之间建立联系",并"强化团结意识和认同感"。(C. Scott, 2007, 4)

使用与非使用价值:文化服务的直接利用情况是决定公共价值的一项关键指标。舍弃一些东西并投入金钱、精力和时间来参观、使用、享受并往返于文化活动的意愿,是公众重视文化的具体表现。(C. Scott, 2007, 5)

但是,越来越多的论述表明,没有直接使用并不意味着没有价值属性可以归类。期权、期货、遗赠等非使用价值也是总体文化价值的重要方面。(C. Scott, 2007, 5)

机构价值:公共价值是指政府机构通过服务、法律、法规及其他公共机构创造的价值。霍尔登(Holden)认为公共机构对于公信力的建立不可或缺。他进一步论述道,运营有方的公共机构在与公众打交道时合乎道德、公平和公正,

在实践中公开透明,从而可以在公共领域建立信任。(Holden,2004,44,引自 C. Scott,2007,5)

斯科特对于摩尔 1995 年的三角理论(授权、运营和公共环境,后被霍尔登采用并引申为工具、制度和内在三类价值)与各种不同的使用"价值"相结合所形成的模型的考察,拓宽了我们对于博物馆价值的理解。她的研究与论著有力地证明了博物馆的价值不仅体现在其所做的事情上,而且在于它们的意义、使用方式及其作为公共资产的存在本身。

穆尔根的指标类型:英国前首相托尼·布莱尔(Tony Blair)的政策主管杰夫·穆尔根(Geoff Mulgan)在《斯坦福社会创新评论》(*Stanford Social Innovation Review*)杂志上指出,非营利组织往往以三种不同的方式对不同受众进行价值评估与报告:外部宣传与认可、内部管理指标、针对特定资助者的影响力评估研究,它们分别采取不同的方法,而不同的计算和描述方法也使得清晰且有意义的价值评估变得更为复杂(Mulgan,2010,8)。

穆尔根对非营利组织的三种价值报告方式与博物馆常用的目标、关键绩效指标、成效三大类型类似:

1. "外部宣传和认可"指标属于制度目标、指导原则类别,其中,使命声明、战略目标、企业价值、营销承诺及其他预期目标都在对外案例报告及吸引支持的营销资料中加以表述。这类指标以定性陈述为主。

2. "内部管理指标"评估固定资产、运营产出与成本是否与资源、活动、运营数据、衡量效率与绩效的 KPI 等一致。这类指标以定量数据为主。

3."影响力评估研究"属于评估达成预期成果与影响之效力的感知价值指标。这类指标兼顾定性与定量数据。

穆尔根的三大指标类型与前文所提到的经典模型和行动理论一样,由左、中、右三部分按序组成。

运营与评估数据:杰伊·朗兹(Jay Rounds)在其《博物馆及其作为松散耦合系统的关系》(The Museum and Its Relationships as a Loosely Coupled System,Rounds,2012)一文中,针对博物馆语境的复杂性提出了博物馆意图及个人成效之间的松散耦合关系的理念,这是因为博物馆缺乏对于诸多影响终端用户体验和感知效益的变量的控制,比如观众当天的感受如何、有什么新闻、是不是拥挤,等等。朗兹的研究质疑了基于个体样本调研来评估成效这一方法的有效性。为了解决这一问题,或许有必要尝试社会经济学的方法论,即不再着眼于那些被朗兹证明是难以预测的个体成效,而是关注博物馆观众全体和利益相关者的全年整体情况,即年度运营数据——它或许能够提供更具意义和可操作性的数据。通过对博物馆全年所有活动的考察,我们可以平均掉那些非耦合、不可测的个人反馈。

白橡木研究所的《现有博物馆数据库评价指南》(Review Guide of Existing Museum Databases)汇总了十家博物馆协会的调研问题(如 AAM、ASTC 等),这些协会定期将运营数据收集到一个包括 1 082 项数据采集字段的数据库中。[①] 这些指标记录了七个方面的年度或年终状况:机构信息(占指标的 8%)、参

[①] 此数据库有别于 MIIP 1.0,从中提炼出的 59 个指标(编号 131-209,其中有些指标的子项已分解出来)被作为 IMLS 博物馆事项的推荐指标。

与度（16%）、实物资源（9%）、藏品资源（3%）、人力资源（7%）、财务（55%）及其他（3%）（White Oak Institute and the American Alliance of Museums，2011，C，3—1）。

除了大多数由管理部门提供的运营数据外，博物馆领导者还可以从各种渠道获取评估数据，董事会成员建议、观众留言卡、观展时间与跟踪研究、观众满意度调查及正式的评估研究提供的几类评估数据都可以为博物馆管理者所用。

自1990年观众研究协会成立以来，已发展为一个庞大的评估人员专业团体。这是基于评估有助于诸如展览或课后工作坊等项目的论证与改进这一理论。总结性评估采用公认的方法来衡量目标的达成度，而这些结果对于资助者来说颇为重要；发展性评估可随着时间推移及不断变化的目标和观众来持续完善项目，这些过程性修正对于项目开发人员尤为重要。

一旦博物馆活动开始运行——展厅已经开放，流动大巴正在外展，或是夏令营正如火如荼地开展，运营和评估数据就会接踵而来，为管理部门进行调整提供信息。倘若迫在眉睫的薪资问题无法解决，那么博物馆吱呀作响的"车轮"（尤其是财政收入的短缺和参观量的下滑）就将成为众矢之的。虽然这些急剧的变化通常是合理的，但如果博物馆的多项收入来源中的某一项长期受到不成比的关注，其他收入来源最终也将受到影响。

一个均衡且轻重有序的运营及评估数据一览表有助于管理人员时刻牢记博物馆的全面价值。为了确保数据表的意义，博物馆需要确定影响与绩效的优先级，再寻求评估其表现及相互作用的方法。

会计学定义：值得一提的是，在《现有博物馆数据库评价指南》中有超过半数的博物馆调研问题涉及财务方面。博物馆财务报表是为博物馆提供行动理论依据的另一个视角。采用完备的会计学定义可将无限制的运营收入划入不同的财政收入类别。赞助、经营收入和机构资产带来的收入（捐赠、土地使用、授权费）是博物馆运营收入的三大主要构成部分。赞助性收入可细分为私人赞助（企业、捐赠者、私人基金会）及公共支持（政府纳税人资金）。经营性收入可以不同方式进行细分，本书将观众和项目参与者作为个人经营收入的两个主要来源。

作为博物馆服务的直接受益者，来自博物馆观众和支持者的资金支持（展厅门票、项目费用、零售交易等）被视为经营性收入。而来自捐赠者、基金会和政府机构的经费被认为是赞助性收入，其动机应是利他的。但在实践中，这一界限是模糊的：购买打折门票的博物馆会员认为他们是在支持一项有益的事业，而企业捐赠者却有可能就直接利益和显性利益进行协商谈判。

总而言之，博物馆的潜在收入来源包括公共的、私有的、个人的及机构的。为了从外部市场持续获得经费，博物馆必须提供至少与收入等价的公共、私有及个人效益。博物馆作为市场机构需要为经营性和赞助性收入参与竞争，以维持、发展和壮大自身。财务数据会对这些关键收入部门、博物馆运营和资产进行跟踪。

分析评估框架以反映共性

以下 11 组框架、概念和定义均出于文献梳理，它们为构建博物馆机构评估框架提供了基础和指导。

- 摩尔的战略三角建立了一种评估政府机构、授权环境、创造价值之间关系的方法，而这些关系的目标和预期成效便是公共价值。在摩尔的理论中,价值是政治性的,而不是基于市场的。当政府、基金会决定进行自主或其他形式的支持和授权,那么这一价值便是由授权方来判断的。对于博物馆而言,其所提供的不仅是政治价值,还有市场价值,因此需要对三角关系进行扩展。

- 基于理论的评估与逻辑模型认识到,价值的创造需要一个将意图转化为成果的理论指导:为了实现博物馆预期成果,需要的实践步骤是什么?由左及右按序从目标到价值展开的行动环节,为管理者和评估人员提供了审视所采取的步骤的可能:需求被转化为目标,继而投入资源以开展活动,形成产出,最好是被认为具有价值的成果。

- 柯林斯的刺猬理念适应了社会部门的需求,致力于寻求三种机构属性间的一致性,即热情、特殊能力和可持续的、不断改善的资源。在博物馆语境中,这三种属性可以表述为:博物馆使命与指导原则、独特的博物馆服务、博物馆资产与收入。

- 博物馆理论认为,博物馆应有效利用其资源来提供高效服务,以回应社区的诉求与期待。同时,博物馆收入与其所提供的服务、博物馆对社区发展和社会公益的再投资息息相关。

- 项目评估框架为项目评估提供了方法、标准依据和评估语言,亦可供机构评估参考。

- 圣约翰和佩里的基础设施模型关注博物馆在整体教育、文化、经济基础设施中所扮演的角色。同时指出博物馆的存在和经营本身也可增值,即会计师所说的资本资产和资源。

- 斯科特的类型学理论阐明了公众各种不同的感知价值，并构建了价值的分类体系：机构价值、工具价值、内在价值、使用价值和非使用价值。
- 穆尔根的指标类型涉及了非营利组织因受众而采用的不同指标：面向资助者的效力依据、内部运营标准及终端用户评估。
- 运营与评估数据为管理部门提供了一系列跨时段跟踪的信息，并整合成有意义的关键绩效指标。其中，有些KPI能够反映博物馆成效与影响力。
- 会计学定义为博物馆以自身服务/价值回馈从社区获得的财政收入这一模式提供了一系列完备的定义。会计学术语界定了博物馆的三类收入：公共与私人的支持性收入、私人与个人的经营性收入以及因机构资产而取得的收入，如捐赠等。

对上述这些评估框架加以收集并按其目的进行整理，能够形成一套综合性行动序列理论。该理论通过把诸多维度纳入一个整合框架和基本结构来解决博物馆评估的复杂性问题。这些行动步骤涵盖了从预期到结果、从目标到影响、从左到右的不同环节，并通过评估指标对每个环节按序进行考察，以臻完善。这些理论模型通过基本的博物馆行动理论引导博物馆将目标转化成影响力，在表1.2的最后一行和表1.3中罗列了这一系列互有交集的行动步骤。其中，每个步骤都有相应的指标群，这会在第二章中加以论述。

表 1.2 整理 11 组评估框架所得出的 7 个行动类型(倒数第二行)及步骤(末行)

	外部投入 →	方法 →		观众界面			结果
	授权环境	组织或机构		活动			公共价值
摩尔的战略三角	授权环境			组织或机构				公共价值
基于理论的评估(操作步骤)	预期成效				活动			实际成效
逻辑模型		热情		资源与投入	活动	产出		成效影响
刺猬理念			目标	独特能力	驱动资源引擎			出众的使命绩效
博物馆理论	预期影响			所需投入	开展活动	产出		进步与社会正义
项目评估				博物馆价值				成效、战略影响
基础设施	基础设施需求			机构价值				社会基础设施增长
价值类型学					使用与非使用价值			内在价值、工具价值
指标类型	外部宣传与认可				内部衡量标准			影响力评估研究
运营数据				资源	参与度	财务	KPI	交换价值
会计学分类				资本资产决算表	支出	收入	净利	净贡献
所属类型	**社区需求(预期效果)**	**预期目标**	**指导原则**	**资源**	**活动**	**运营数据**	**KPI**	**感知效益与价值**
操作步骤	**0**	**1**	**2**	**3**	**4**	**5**	**6**	**7**

来源:白橡木研究所

博物馆行动理论:从预期目标到感知价值

根据表1.2最末一行的分析,博物馆行动理论认为,博物馆是经过一系列环节而产生影响与效益的。在这一理论中,博物馆通过类似逻辑模型的一系列步骤的迭代产生其价值。具体而言,是指:(1)博物馆的领导层(和/或其他力量)为了响应社区的诉求与期待,制订博物馆的预期目标;(2)领导层和工作人员根据博物馆指导原则对达成预期目标的可能性进行筛选,选择博物馆所期望产生的影响及其目标观众与支持者;(3)工作人员具备博物馆资源、运作(如策划、设计、测试、制作/创作、营销、传播及运营)相关知识;(4)博物馆活动不断迭代更新;(5)纳入评估与运营数据;(6)拥有用于监测的博物馆关键绩效指标;(7)博物馆给予观众、赞助者影响与效益,这将通过反馈成为最开始社区诉求与期待的来源之一。(见表1.3)

表1.3 博物馆行动理论(逻辑模型版本)

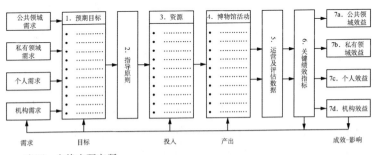

来源:白橡木研究所

博物馆行动理论遵循经典逻辑模型的顺序,但改进了回溯至起点的部分,形成一个循环。在七个步骤内部也有反馈循环。博物馆对所有活动的产出与成效进行评估，以证实和改善活动实现博物馆预期目标的效率和效力。

当然，观众和资助者有其他方式来表达诉求和期望，博物馆实践有时也会偏离这一线性顺序。在实践中，博物馆文化中的决策和行为更多地呈网状，而非线性：市场部希望能吸引青少年，研发部要寻求动画胶片的收藏家，教育部要编写青少年工作坊的脚本，策展人则渴望策划一场流行文化演出。这些交织的利益会驱使博物馆决策脱离行动理论的预设步骤，尤其是当员工在领导层决策前便开始策划活动的时候，哪怕该行动理论旨在反映最全面、最负责任且深思熟虑的流程。

博物馆行动理论的运用

摩尔的战略三角究竟是"公共管理基于其实际工作的经验主义理论，还是他们应当履行的规范性指示"？（Alford and O'Flynn, 2009, 174）这个问题同样适用于博物馆行动理论。摩尔不仅尝试兼顾两方面的考量，还将其作为一种研究框架（Alford and O'Flynn, 2009, 175）。对于博物馆行动理论而言，也应当有三方面的用途：(1)为考察博物馆实际工作的开展情况，评估预期与结果的一致性提供框架（"记录"）；(2)为博物馆未来发展决策提供指导（"规划"）；(3)为研究与评估人员提供一套博物馆影响力与绩效评估的通用框架（"评估"）。

众多博物馆已经对 11 个评估框架中的部分加以应用，如会计报表、项目评估和观众调研等。这些类型的评估可以继续开展，因为它们本就内含在行动理论框架之内，亦可纳入综合性机构评估之中。

这一理论是为了适应最复杂的商业模式而发展起来的，因此必然适用于各种类型的博物馆，无论是政府全额资助的博物馆，还是企业博物馆，抑或是美国城市中常见的由多方资助的博物馆。单体博物馆与行业专业人员可利用行动理论来获取关于其预期、指导原则、资源及活动的更为具体的情况，并且通过由 KPI 反映的经营和评估数据来筛选监测其影响力的指标。

小　　结

博物馆行动理论假设，博物馆的预期目标是由社区需求所驱动的，博物馆履行其指导原则，利用其资源开展各类项目和活动的同时，产生了一系列运营和评估数据，理想情况下会对博物馆社区及其观众和支持者形成积极成果、影响及感知效益。这一系列行动最终将回归于博物馆的预期，因为社区、观众及支持者通过时间、精力和金钱的投入来表达需求，这进一步影响了博物馆的决策，而新一轮的循环在博物馆目标与社区需求的不断发展和同步中重新开始。关键绩效指标对整个循环的效力与效率进行评估。

博物馆行动理论可以首先解决博物馆的复杂性问题。该理论允许面向多样化的终端用户和受益者的多元化需求、目标、影响及效益。在综合其他评估框架之后，该理论将"怎样做"博物馆工作归结为七个步骤。本书第二章对于 1 025 项指标的分析表明，在行动理论的潜在指标与每一步骤之间存在着一致性，一一对应，步步为营。

本章参考文献

Alford, John, and Janine O'Flynn. "Making Sense of Public Value: Concepts, Critiques and Emergent Meanings." *International Journal of Public Administration* 32, no. 3-4 (2009): 171-91.

Anderson, David. *A Common Wealth: Museums in the Learning Age*. London: DCMS, 1997.

Anderson, Maxwell L. *Metrics of Success in Art Museums*. Los Angeles: The Getty Leadership Institute, J. Paul Getty Trust, 2004.

Baldwin, Joan H. "The Challenge of 'Value': Engaging Communities in Why Museums Exist." A Museum Association of New York | Museumwise White Paper. October 2011.

Bell, Philip, Bruce Lewenstein, Andrew W. Shouse, and Michael A. Feder. *Learning Science in Informal Environments — People, Places, and Pursuits*. Washington, D. C. : National Academies Press, 2009.

Birckmayer, Johanna. D. , and Carol Hirschon Weiss. "Theory-Based Evaluation in Practice: What Do We Learn?" *Evaluation Review* 24, no. 4 (August 2000): 407-31.

Bradburne, James M. "A New Strategic Approach to the Museum and Its Relationship to Society." *Museum Management and Curatorship* (2001): 75-84.

Collins, Jim. *Good to Great and the Social Sectors: A Monograph to Accompany Good to Great*. New York: HarperCollins, 2005.

Falk, John H., and Lynn D. Dierking. *Learning from Museums: Visitor Experiences and the Making of Meaning*. Walnut Creek: AltaMira, 2000.

——. *Museum Experience Revisited*. Walnut Creek: Left Coast Press, 2012.

Falk, John H., and Beverly K. Sheppard. *Thriving in the Knowledge Age: New Business Models for Museums and Other Cultural Institutions*. Lanham, MD: AltaMira, 2006.

Friedman, Alan J. "Framework for Evaluating Impacts of Informal Science Education Projects." informalscience. org. March 12, 2008. Accessed November 4, 2014. http://informalscience. o/documents/Eval_Framework. pdf.

——. "The Great Sustainability Challenge: How Visitor Studies Can Save Cultural Institutions in the 21st Century." *Visitor Studies* 10, no. 1 (January 2007): 3-12.

Garnett, Robin. "The Impact of Science Centers/Museums on Their Surrounding Communities: Summary Report." *The Association of Science-Technology Centers (ASTC)*. July 12, 2001. Accessed October 8, 2014. http://www.astc.org/resource/case/Impact_Study02. pdf.

Hein, George E. "Museum Education." In *A Companion to Museum Studies*, by S. MacDonald. Oxford: Blackwell, 2006.

Holden, John. "Capturing Cultural Value." *Demos*. 2004.

Accessed November 4, 2014. http://www.demos.co.uk/files/CapturingCulturalValue.pdf.

Jacobsen, John. "The Community Service Museum: Owning up to Our Multiple Missions." *Museum Management and Curatorship* 29, no. 1 (2014): 1-18.

Kellogg, W. K. "Logic Model Development Guide." *W. K. Kellogg Foundation.* February 2, 2006. Accessed October 21, 2014. http://www.wkkf.org/resource-directory/resource/2006/02/wk-kellogg-foundation-logic-model-development-guide.

Mulgan, Geoff. "Measuring Social Value." *Stanford Social Innovation Review* (Summer 2010). Accessed November 4, 2014. http://www.ssireview.org/pdf/2010SU-Feature_Mulgan.pdf.

Museums Association. "Museums Change Lives." July 2013. Accessed November 4, 2014. http://www.museumsassociation.org/download?id=1001738.

Peniston, William A. *The New Museum: Selected Writings by John Cotton Dana.* American Alliance of Museums Press, 1999.

Perry, D., D. Huntwork, and Mark St. John. *Investments in Informal Science Education: Framework for Evaluation and Research.* Inverness: Inverness Research Associates, 1994.

Rounds, Jay. "The Museum and Its Relationships as a Loosely Coupled System." *Curator: The Museum Journal* 55, no. 4 (October 2012): 413-34.

Science Centre Economic Impact Study, Questacon — The National Science and Technology Centre. "Making the Case for Science Centers." *Association of Science-Technology Centers*. February 2005. Accessed November 3, 2014. http://www.astc.org/resource/case/EconImpact-whole.pdf.

Scott, Carol A. "Advocating the Value of Museums." *INTERCOM*. August 2007. Accessed November 4, 2014. http://www.intercom.museum/documents/CarolScott.pdf.

—. *Museums and Public Value: Creating Sustainable Futures*. London: Ashgate, 2013.

Stein, Rob. *Transparency and Museums*. November 3, 2009. Accessed October 21, 2014. http://www.imamuseum.org/blog/2009/11/03/transparency-and-museums.

Weil, Stephen. *Making Museums Matter*. Washington, D. C.: Smithsonian Institution, 2002.

—. "A Success/Failure Matrix for Museums." *Museum News* (January/February 2005): 36–40.

Weinberg, Mark L., and Marsha S. Lewis. "The Public Value Approach to Strategic Management." *Museum Management and Curatorship* 24, no. 3 (2009): 253–69.

Weisburd, Claudia, and Tamara Sniad. "Theory of Action in Practice." *Harvard Family Research Project*. Winter 2005/2006. Accessed October 21, 2014. http://www.htrp.org/evaluation/the-evaluation-exchangeissue-archive/professional-development/theory-of-action-in-practice.

The White Oak Institute and the American Association of Museums. *Review Guide of Existing Museum Surveys*. Institute of Museum & Library Services, 2011.

第二章　识别博物馆潜在影响

博物馆可以为其社区、观众及支持者造成哪些潜在的影响，提出哪些益处？

博物馆为其所在社区、观众和支持者提供服务。根据韦尔的观察，"博物馆所能提供的公共服务的形式具有无限拓展的可能"（Weil，2002，89）。

毕尔巴鄂的古根海姆博物馆游人如织；大英博物馆对文明瑰宝倍加关注；得克萨斯州历史博物馆讲述属于自己的故事；犹太大屠杀纪念馆（耶路撒冷）成为全球性的象征；蒙特雷湾水族馆致力于保护海洋；艺术和历史博物馆（加利福尼亚州圣克鲁斯市）将社区居民聚集在一起；劳伦斯科学馆（加利福尼亚州伯克利）开发了课程资料；第六区博物馆（开普敦）对遗产加以保护。

当然，博物馆所做的事情远不止这些。它们提供观众体验、创造就业机会、激发创新思想；它们提供休闲与美的享受，保存记忆与实物，并传达区域认同。这些博物馆都有着共同的商业模式——民众、机构及组织为博物馆提供以上这些服务所需的经费。

博物馆究竟可以为其社区造成怎样的潜在影响，提供哪些益处？为什么样的观众及支持者提供？本章将要论述的便是解答这一问题所需的相关探究——从方法论到研究结果及其启示。

正如第一章所述，当前正是博物馆亟须证明其所获支持必要性的时候。由于缺乏对于博物馆所做贡献的认识，研究问题显得尤为重要。博物馆缺少一套反映其贡献与价值的评估框架，而公众对于博物馆服务的方式也缺乏理解。博物馆如何提供服务？本章希望通过研究问题的提出与探究，罗列出博物馆潜在影响的主要类型。

本书所讨论的影响和效益均是博物馆活动的结果。它们从不同的角度描述了同样的结果：影响是博物馆想要达成的，效益则是社区、观众、支持者想从博物馆获得的。若一座博物馆正在产生效益，那么它可以选择是否将其作为一种影响。可以说，博物馆行业提供的任何效益都可被视作其预期影响之一。本书旨在帮助博物馆专业人员提升影响力，所以优先采用影响一词，但效益一词也会在涉及社区、观众、支持者视角时使用（参见附录A定义和假设）。

博物馆领域在影响与绩效方面丰富的著述和实践经验为相关指标的拟定提供了周全和多样的案例。白橡木研究所开展研究项目以期对现有博物馆服务、效益、受益者和支持者的范畴进行界定。本章介绍了博物馆影响力与绩效指标（MIIP）1.0版数据库及其分析流程，并将结果根据观众与支持者的不同划分为14类博物馆潜在影响。

研究方法：MIIP 1.0 分析

为了分析全球博物馆专业人士对于影响力与绩效相关讨论的全面性，白橡木研究所收集了 51 个博物馆影响力与绩效评估指标（MIIP）体系，并将其纳入一个包含 1 025 项指标的数据库（MIIP 1.0）。该项分析的目的是确定博物馆影响的类型，并考察这 1 025 项指标是否都支持博物馆行动理论的记录、规划和评估框架。

基于上述目标，这一数据库所要呈现的，更多的是多样性，而非综合性。例如，将来自世界各地的博物馆主要领域及其授权环境的维度纳入考量十分重要，而对同行评议的期刊文章、博物馆协会工作组经过实践检验的博物馆评估及价值衡量方法的关注亦不可或缺。构成 MIIP 1.0 的 51 个来源（见附录 B）颇为多样，这提高了在博物馆特定部门格外重要的指标类型反复出现的可能性。

该数据库采用了广义的指标定义：MIIP 指标包括数据收集、反馈（定期征询正式问题和调查）、评估标准、机构有效措施、基金会目标、管理学资源、建议指标及研究成果等。其中，既有定量的，也有定性的，可以为专业读者提供一些关于博物馆影响力与绩效评估的有意义的数据。

MIIP 1.0 或许不是面面俱到的，但它已颇具代表性。该数据库尚不包括美国国家与地方历史协会（American Association for State and Local History，简称 AASLH）的 StEPs 评估项目、DataArts 新的数据字段、艺术博物馆馆长协会（Association of

Art Museum Directors，简称 AAMD）保密调查的相关指标，或可在 MIIP 2.0 版将其纳入。也可能一些博物馆希望在 MIIP 1.0 数据库中增补他们中意的指标。今后的发展与迭代很有可能会对本书所呈现的分类与分析进行完善和调整，但目前而言，MIIP 1.0 庞大且具代表性的数据已足以让我们开展相关工作。

MIIP 1.0 由白橡木研究所开发，与博物馆行动理论图表一同供所有人免费使用。若需下载相关资料，只需登录书前所列网站或搜索"MIIP 1.0""Museum Indicators of Impact and Performance"（博物馆影响力和绩效指标）即可。

博物馆影响力与绩效指标数据库（MIIP 1.0）分析

研究分析了 51 个来源的 1 025 项与博物馆影响力与绩效相关的指标（见附录 B），结果如下：

- 每项指标至少符合博物馆行动理论七个步骤之一，没有例外。
- 至少有 12 类外部影响和 2 类机构影响。
- 这些指标可通过受益者，即博物馆观众和支持者进行分类，分为：公共领域影响、私有领域影响、个人影响和机构影响。
- MIIP 数据库为博物馆管理者和评估人员提供了一张多元且强有力的清单来筛选对其目标最具意义的指标。

源文件类型

MIIP 1.0 有 51 个来源的 1 025 项指标。这些来源及指标编号体系详见附录 B,主要可分为以下几类:

- 数据采集字段(2 个来源,共 209 项指标,标记为 2/209)
- 评估标准(9/113)
- 机构评估(4/153)
- 基金会目标(4/20)
- 管理学资源(2/56)
- 建议指标(16/136)
- 研究成果(14/339)

MIIP 1.0 包含以下字段(备注来源信息及指标本身)

- 来源:作者
- 来源:日期
- 来源:指标出处的图书、报告、调研或文件标题(51)
- 来源:组织或出版社
- 指标文本和编号(♯1—♯1025)
- 源文件中的指标类别(若有)
- 源文件中的指标子类别(若有)

对应博物馆行动理论

在 MIIP 1.0 中有一些类似的指标群,参观量、学习成果、目标和收藏等只是 60 项数据类型中的部分主题。对同类指标群的界定与标记是为了对博物馆领域的潜在影响有更为全面和宏观的了解。具体标记方法如下：

- 步骤位置：指标在行动理论七个步骤中所处的位置。这一标签多由数据源决定（如公共调研结果属于"步骤7 感知效益"，财务数据归于"步骤5 运营数据"），其余则由专业人员判断确定。
- 博物馆潜在影响：指标所监测的博物馆潜在结果、服务、效益或影响的类型。
- 指标内容：所收集数据的主题或内容。

在对1 025项指标进行分类标记这一漫长而反复的过程中，指标间的相似性与规律逐渐显现出来。有些指标与藏品相关，有些则与人力资源相关，但与策展相应的指标要如何设置？也有一些指标与博物馆目标或缘由、业务内容与方式及服务对象相关。在涵盖性术语体系下，相似的指标可以合并形成小的指标群，而早期特殊指标则形成了自己独立的分类。由于有些指标可归入若干类别，而各个类别之间又存在交集，缺乏明确的边界，因此个人判断是标记指标这项工作的一大因素。其目的就在于对数据库进行筛选，辨识出主要分组，以为后续使用者提供方便。为了与非营利的"博物馆"① 最广泛的定义相适应，避免它们成为统一的理想化的博物馆，指标的包容性也很重要。

例如，"实地免费参观总量"（♯129）被标记为运营数据（步骤5），其字段内容为"参观量：免费"。这一指标或许对

---

① 本书采用ICOM对于博物馆的定义，特指非营利性博物馆，不包括商业性、营利性博物馆。

"扩大参与度"（博物馆 12 个潜在外部影响领域之一）有用。

行动理论旨在处理全球博物馆行业丰富多样的目标、指导原则、资源、活动、支持者及观众的问题。分类工作的开展勾勒出了博物馆所能提供的多样化效益，但即便这 1 025 项指标所反映的也只是冰山一角。随着该领域势在必行的发展与变化，指标体系中将出现新的博物馆影响，进一步提升该行业对于社区的潜在价值。

根据行动理论进行指标定位

MIIP 数据库的每项指标都被标记为行动理论的七个步骤之一：预期目标、指导原则、资源、活动、运营数据、关键绩效指标及感知效益。这些分类是多维度的、按先后顺序排列的，而且并不是完全没有交集的：预期目标指标（步骤 1）会变得类似指导原则（步骤 2），反之亦然；而在行动序列的另一端，有些关键绩效指标（步骤 6）与感知效益指标看起来也颇为相似（步骤 7），且感知效益反馈至预期目标（步骤 1），两者又显示出类似之处。

1 025 项指标可依次归于博物馆行动理论的七个步骤之中：

1. 预期目标（95 项）：预期目标是指博物馆领导层对于博物馆期待达成的事项的表述。使命与愿景、宗旨、目标、章程、宣言及授权机构的指导政策均属此类，如"激励学习""跨越文化鸿沟""支持中小学学前教育（pre-K-12）体系"及"促进员工发展"等。尽管预期目标是整个行动理论序列的开端，但这些目标往往源自社区，是对步骤 7 中明确表达的感知效益的循环。预期目标是博物馆得以存在并享有其非营利组织特权的原因。

2. **指导原则（53项）**：指导原则是博物馆领导层关于组织信念、信条、性质、核心价值、企业文化、审美、风格、学习方法、优先事项及品牌认同的表述。指导原则是博物馆业务开展的基本原理，为其展览与活动的开展制订了伦理与质量的要求，一般包括真实性、多样性、准确性、可持续性与尊重。

3. **资源指标（98项）**：资源指标主要源自博物馆协会的调研，是博物馆长期资产与资本的清单与量化数据，广义上包括：社区声誉、员工专业技能、藏品、展览、设施、捐赠等。资源往往就是资本，是一种长期的考量。有些资源指标是直接量化的数据，如展厅空间的尺寸、实物藏品的数量及捐赠体量等；而另一些从本质上而言是定性的，如博物馆声誉、身份认同及专业度等，但通过选定的定量指标可以对这些定性资源的变化进行监测，如馆长每年收到的关于博物馆专业知识的外部需求的数量。

4. **活动指标（51项）**：活动指标主要源自博物馆协会的调研，以博物馆运营项目清单或量化数据的方式呈现，广义上包括：展厅参观量、展览、项目、会员、活动、课程、节庆、拓展服务、网络及社交媒体等。活动往往需要运营，且会定期开展，如夏令营、年度系列外展、管理会议、拓展项目及其他运营预算所囊括的运营活动。

5. **评估与运营数据（213项）**：评估与运营数据源自正规的评估研究、审计对博物馆产出的量化数据和外部资源关于博物馆服务市场与社区的量化数据。这些指标为管理者与资助方提供了博物馆活动的定量及定性数据。这些数据在来源与客观性上差异颇大：票务系统的数据是数值，具有一致性和客观性，而意见箱的建议通过文字呈现，是零散且高度主观的。运营数据的生成应是例行其事、全面覆盖的；评估研究则是周期性或临时性的。其投入也不尽相同，既有工作人员或志愿者针对一两个问题对周末来访观众进行的问询，也有由专业研究人员开展的成本高昂的长期正式研究项目。

6. 关键绩效指标（155 项）：关键绩效指标一般为量化公式，如比例、平均值及衡量活动效力与效率的基准。KPI 通常使用对管理者而言具有意义的公式来呈现评估和/或运营数据公式，其采用的数据是由前文所述的几个步骤所生成的数据经过筛选而来的，以向管理者提供关于博物馆影响、绩效及其运营状况的相关信息。影响力与绩效的 KPI（步骤 6b），如教师更新率、负责人人均发文数等，是本书第二部分的重点；运营性的 KPI（步骤 6a），如平均薪资、单位面积能耗等，已在众多博物馆中得以应用。这两类关键绩效指标相互会有交集。

7. 感知效益（360 项）：感知效益来自博物馆活动的终端用户和受益者，即社区及其观众与支持者。终端用户既可以是观众，如参观者、项目参与者等，也可以是支持者，即为其预期成效提供资金支持的政府机构、资助人、赞助商等。相关数据来自调研、门票、收入、拨款审计、民意调查及其他收集定性与定量数据的方法。社区的感知效益包括社区凝聚力、教育支持和遗产保护等社会福祉；观众的感知效益包括与家人朋友共度的美好时光、获得洞察力与启发、建立新的社会关系及学有所得；支持者的感知效益包括实现其慈善目标，如解决社会问题、增进理解、改变态度或行为、企及弱势观众群体及为社区资产提供支持等。

14 类潜在博物馆影响

在广义的内容框架下，可对影响加以归类，如遗产保护可以细分为藏品保护、文化认同及走近历史等。

如何才能以最好的方式来组织各类影响、效益与服务？从受益方的角度来进行分类或许最为有效，即社区及其观众与支持者。就某一特定影响而言，哪些观众可以从中受益，哪些团体有可能对此进行资助？

目前博物馆所带来的影响吸引了各类资助来源，其中，最具社会效益的（扩大参与度）由政府与基金会资助，最具个人效益的（个人休闲）由参观者资助。对博物馆潜在影响进行整合的一个可行方法是根据以往的资助方类型来进行分类。这一理念有助于管理者将博物馆影响力与潜在资助方联系起来。

基于上述经济学方法，加之附录 A 中的定义以及上一章中的会计学探讨，可将博物馆影响分为四个方面：公共领域影响（7 类）、私有领域影响（2 类）、个人影响（3 类）及机构影响（2 类）。公共领域影响使公众整体受益，往往有政府和私人慈善机构资助；私有领域影响通常对商业与企业有益；个人影响对个人、家庭、团体产生益处；机构影响则有助于博物馆发展。通过对 MIIP 1.0 相关指标的分析，可大致将其分为 12 类外部影响及 2 类内部影响。需要指出的是，直接受益人并不总是资助方，如某基金会出资举办一场青少年工作坊，其直接受益者为青少年，而该基金会只是通过履行使命获得了间接效益。内部影响对博物馆运营或建立资本来源有所助益。

MIIP 1.0 尝试对尽可能多的观点加以呈现，附录 C 中罗列的潜在博物馆影响及相关数据主题为博物馆提供了众多选择。当然，由于存在遗漏之处且新兴的博物馆影响不断被发现，相关主题会不断增加。根据附录 C，博物馆领导者可就以下问题进行思考：我们在一定程度上提供了多少这样的社区效益？哪些影响反映了我们的使命？哪些对于观众和支持者而言颇为重要？我们是否需要做出调整？表 2.1 是对 14 类潜在博物馆影响的汇总。

这 14 类影响领域是根据以往的资助来源和影响类型加以分类和界定的。每一类具体的指标样例详见附录 C。

表 2.1　博物馆潜在影响的类型

		MIIP 指标数量
公共领域影响		
A	扩大参与度	85
B	保护遗产	47
C	强化社会资本	76
D	提高公众知识水平	43
E	服务教育	56
F	推动社会变革	40
G	传播公众认同与形象	27
私有领域影响		
H	助力经济	85
I	提供企业团体服务	9
个人影响		
J	促进个人成长	147
K	提供个人休憩	4
L	欢迎个人休闲	11

(续表)

机构影响	MIIP 指标数量
M 助益博物馆运营	308
N 构建博物馆资本	87
MIIP 1.0 数据库总指标数	1 025

来源：白橡木研究所

公共领域影响——有益于全体社会和广大公众

1. 扩大参与度（85 项）：涉及提升社会正义与包容相关的公共利益。指标包括观众多样性、参观政策、包容性、社区联系、管理文化、通用设计及学习方法。博物馆作为公共资源，欢迎所有公众的参与，同时也树立了彰显尊重与包容的典范。

2. 保护遗产（47 项）：相关指标涵盖的公共效益是指通过对藏品、历史遗迹和文化街区的管理，来对我们的过去进行物质和文化上的关注和诠释。遗产保护有助于增强归属感，了解我们从何而来。博物馆是公共档案的所在地、讲述历史的课堂、财产与藏品的展示处，也是我们记忆的保存地。这一管理职能在博物馆历史长河中有着深远的影响，对一些博物馆而言，保护藏品是其首要职责。

3. 强化社会资本（76 项）：相关指标监测博物馆为社区健康及社会网络做出的潜在贡献，这些贡献通过以下方式得以实现：构建社区联系与合作，作为公众集会场所，在可信、中立的环境中提供交流和辩论途径，担任诚实的中间人，为活动开展提供便利，以及与其他组织就社区项目进行合作。博物馆是社区资本资产的一部分，为其文化、教育和经济基础设施增色。博物馆和其他文化设施通过建立博物馆品质的品牌关系提升公共价值、建立公众信任（Holden，2004）。作为向公众开放的资本密集型实体机构，博物馆是城市资产决算的一部分；作为社区物质文化的收藏者和管理者，博物馆保护着珍贵的物件。

4. 提高公众知识水平（43 项）：相关指标考察的是博物馆在公众与专业信息、创新、学术研究方面的贡献，及其对个人、社区及经济的可及性。其中，15 项指标涉及博物馆在学术研究方面的贡献。博物馆的声誉源自其可信的专业知识、博物馆工作人员的素养以及展览和藏品的质量。长期以来，研究型博物馆对于艺术史、生物学、植物学、历史学和人类学的研究功不可没。博物馆行业近期的一大趋势是对非正式环境下的学习进行研究，并公布其研究成果。

5. 服务教育系统（56 项）：相关指标考察的是博物馆对正规教育（学校）及博物馆专业人员通过学生项目、教育倡议与活动、STEM 学习、读写能力、学校关系及教育者资源等产生的潜在影响。大部分博物馆与学校建立了合作关系，学生在其观众总量中占有一定比例。

6. 推动社会变革（40 项）：相关指标考察的是博物馆在引导公众和社区为社会效益做出改变方面的潜在影响，包括解决社会问题、健康行动、全球环境保护、教育行动、社会公正、人权、宽容、公平与平等、反歧视、贫困等问题，并以史为鉴，对未来新的生活方式提出设想（Museums Association，2013）。博物馆广受尊重与信任，因此其在某一问题上的立场会产生诸多影响。例如当皮奥里亚河滨博物馆（Peoria Riverfront Museum）选择按"能源与环境设计认证"（LEED）标准进行建设时，毗邻的卡特彼勒游客中心（Caterpillar Visitor Center）也效仿了这一做法。

7. 传播公众认同与形象（27 项）：相关指标考察的是博物馆帮助地区、社区或个人对其所期望的身份认同与形象进行思考、讨论、发展和交流的潜在影响。在城市层面，博物馆可以作为一种象征和骄傲，是一种文化认同和地区价值观的反映；在个人层面，博物馆能够形成一种重要的人际关系，是"我们是谁"的象征，是我们身份的一部分，也是我们信赖的品牌。科技创新博物馆（Tech Museum of Innovation）就是硅谷的一个象征，其博物馆会员及支持者均是对科技有认同感的人群。

私有领域影响——有益于商业、政府和经济

8. 助力经济（85 项）：相关指标考察的是博物馆对区域和地方经济的贡献，主要方式有刺激旅游业、增加土地及税收价值、直接支出、推动社区发展、提供就业机会、发展劳动力及提高生活质量等。劳动力发展（如激励未来科学家、培养 21 世纪所需技能、提供准备渠道、吸引和留住高质量工作者）是促进 STEM 和青年博物馆项目建立企业合作关系的驱动力。广受关注的外展会对城市经济产生影响，而一座新的博物馆也会对社区有所改善。一般来说，博物馆的经济影响是对商业与政府的支持，作为连锁反应，就业机会和税收也会相应地增加。

9. 提供企业团体服务（9 项）：相关指标考察的是博物馆对企业的潜在影响，包括履行社会服务职责，与其他公民领袖建立联系，或通过赞助将企业品牌与博物馆关联，并为其员工提供进

入博物馆的权限。企业希望能改善生活品质，通过与他人合作来解决重大社会问题。而博物馆可以成为其实际合作伙伴，通过开展既定项目来满足这些需求。

个人影响——有益于个人、家庭和社会团体

10. 促进个人成长（147 项）：相关指标考察的是个人和家庭从博物馆活动中所获得的能够帮助其提高能力、认识和理解的益处。在 12 类博物馆外部潜在影响中，涉及促进个人成长这一范畴的指标最多，反映了博物馆行业非常重视为自由选择的观众提供价值。在博物馆中，个人成长可以通过各种方式实现。这一类别中与学习相关的指标最为普遍，这是博物馆作为非正式学习场所的承诺，也反映了 AAM 对于教育的优先考量（Hirzy，2008）。博物馆可以帮助公众学习并拓展他们的能力、知识、视野、联想及社会和家庭洞察力。这一领域还包括了博物馆可以为观众和项目参与者提供的内在益处，如主张、归属、启迪、激动、敬畏、愉悦、观点、反思、满足与意义。博物馆还可以通过招募志愿者等方式让个人参与到有价值的活动中。

11. 提供个人休憩（4 项）：相关指标考察的是个人和家庭从博物馆活动中获得的能够帮助其得到舒适感、安全和安静地独处或从日常压力中解脱的益处。

12. 欢迎个人休闲（11 项）：相关指标考察的是个人、团体和家庭从博物馆活动中获得的能够帮助其放松、娱乐的益处。主题公园、电影院及其他娱乐中心也可以提供这些服务。

机构影响——有益于博物馆自身

13. 助益博物馆运营（308 项）：相关指标考察的是博物馆年度运营活动。其中，有些数据会用于审计和绩效、效率评估，这些指标的数据会阶段性地变化，至少每年进行一次报告；有些则会在博物馆年报中加以呈现。与博物馆运营相关的考察指标远多于其他方面，这反映出人们对于博物馆及其人员、藏品、设施和预算运行情况的天然关注。收入、支出、人力资源数据、参观量、活动列表、管理文化、营销、绩效和价值判断是这类指标的主要特征。

14. 构建博物馆资本（87 项）：相关指标考察的是博物馆长期资源和资产，包括有形的（设施、捐赠）和无形的（品牌声誉、博物馆类型、长期合作伙伴）。这类指标罗列了博物馆是什么、有什么。其中有些指标体现在决算表中，反映资本资产、社区资源清单、公共影响构成、跟踪资本活动、管理与上级组织、机构数据（地址、正式名称、税收代码）、长期社会信托、内部专业技能、管理文化，并清点博物馆藏品、场地空间、占地及美元储备。

数据内容主题

MIIP 也可以就其指标内容进行分析。1 025 项指标涉及了 60 个数据内容主题，其中很多还有次级主题——这项指标评估的是什么数据？有些数据内容主题包含许多指标，如 69 项学习相关指标。还有一些指标是该类博物馆潜在服务特有的依据，如悼念。这种独特的影响只需出现一次即可被罗列出来，尽管它在样本中的普遍程度会比较低。对于一部分博物馆而言，悼念是其预期目标，如纪念馆，也有不少博物馆有着帮助悲痛之人的案例。相较于悼念，教育作为博物馆影响力在 MIIP 1.0 数据库中则更为普遍。附录 C 对每一类影响相关的数据内容主题加以罗列，出现频率最高的 10 项数据内容依次为：收入、学习、经济影响、资源、价值判断、参观量、内在价值、管理文化、实物藏品及社区联系。

小　　结

本章围绕着"博物馆能为其社区及观众和支持者产生什么样的潜在影响，提供什么样的效益"这一研究问题展开，探讨了研究方法、研究成果及组织框架。

博物馆如何开展服务？这一问题涉及了各类受益人所受的众多影响。对于这些指标的分析体现了众多潜在效益与影响，并进一步被归结为 14 大类博物馆潜在影响。上述成果以及为了便于管理对众多指标进行的分类归纳，为博物馆提供了一种思考其预期影响的思路，也给予了公众认可博物馆诸多贡献的机会。

本书的第二部分将 MIIP 数据库由一项研究和分析资源转变为博物馆专业人员的实用工具。需要注意的是，有些资料来源提供了机构评估现成的指标框架，如印第安纳波利斯儿童博物馆在 1999 年使用的"成功的 25 项指标"（25 Indicators of Success）（来源♯13）。"年度媒体利用藏品数量占藏品总数的比例"（♯443）和"参加董事会会议的受托人/顾问人数"

（♯444）是上述反映活动和运营数据的25项指标中的两项。一旦被作为年度规划目标，工作人员就被要求在这一方面比去年做得更好：馆藏中有更多藏品见诸媒体，受托人出席率更高。

　　但是，达成某几项标准不应成为博物馆的实际目标。相反，博物馆需要真正让世界变得更好，也需要选择那些对其成就具有意义的指标。博物馆也应通过其他方式开展定期评估，以对结果进行再次确认。根据行动理论，博物馆能够对从目标到影响的各个环节进行跟踪，并选取指标来监测每个环节的情况；博物馆潜在影响类型则提醒了博物馆得以产生影响的诸多方式。

　　下一章将行动理论与博物馆潜在影响类型相结合，既是对"第一部分　理论"的整合，也为"第二部分　实践"夯实基础。

本章参考文献

Hirzy，Ellen Cochran. *Excellence and Equity Education and the Public Dimension of Museums*. American Alliance of Museums，2008.

Holden，John. "Capturing Cultural Value." *Demos*（2004）. Accessed November 4，2014. http://www.demos.co.uk/files/CapturingCulturalValue.pdf.

Museums Association. "Museums Change Lives." July 2013. Accessed November 4，2014. http://www.museumsassociation.org/download?id=1001738.

Weil，Stephen. *Making Museums Matter*. Washington，D. C.：Smithsonian Institution，2002.

第三章 评量影响力

博物馆行动理论及 MIIP 1.0 在影响力评估方面的分析有什么启示和逻辑推论?

本章将前两章的相关概念应用于影响力评估,为本书的第二部分奠定基础。在对前两章进行回顾之后,本章聚焦于价值的依据,区分使用价值(value)与经济价值(worth)、影响与效益,探讨影响力评估中通过自由选择交换的时间、精力、金钱,阐述了跟踪评量的益处,并进一步探究如何利用定量关键绩效指标来对定性影响进行评估。这些内容与第一、二章中所构建的理论基本一致,但其中有些观点挑战了传统博物馆实践。

尽管影响力评估在概念上颇具吸引力,但具体实施却颇有难度。这是因为博物馆行业对于基本的定义与方法尚不明确:什么影响?对谁产生影响?如何对影响进行量化和评估?

由于这些实际的困难和挑战,本书构建的评估框架并不试图直接对影响力进行评估,而是考察可能产生影响的定量指标,继而跟踪这些指标在一段时间内的变化,并将其与同行博物馆进行比较。在这一过程中,需要开展周期性评估以检验或修正影响力评估指标的意义。

博物馆行动理论综述

前几章及附录B、C论述了将每项指标根据其步骤位置、主要潜在影响及数据内容加以标记的成果。

第一章的博物馆行动理论图表遵循了经典逻辑模型的顺序（见表1.3）。表3.1对行动理论加以修正，使其形成不断反馈循环的过程，甚至在七个环节内部也有反馈机制。这一双向模型更加强调博物馆与其观众和支持者之间的价值交换。

表 3.1　博物馆行动理论（双向版本）

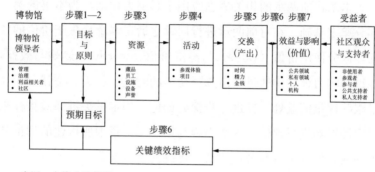

来源：白橡木研究所

博物馆对其所有活动的产出与成果进行评估，以证实和改善自身实现预期目标的效力和效率。根据理论的假设，由社区需求驱动博物馆预期目标，博物馆据此履行其指导原则，利用其资源开展各类项目和活动的同时，产生了一系列运营和评估数据，理想情况下会对博物馆社区及其观众和支持者形成积极成果、影响及感知效益。这一系列行动最终将回归于博物馆的预期，因为社区、观众及支持者通过投入时间、精力和金钱来表达需求，这进一步影响了博物馆的决策。而新一轮的循环在博物馆目标与社区需求的不断发展和同步中重新开始。关键绩效指标则对整个循环的效力与效率进行评估。

操作流程最右侧的步骤 7 涵盖了博物馆活动的结果，也被称为终端、成果、影响和效益。在步骤 1 中，博物馆阐述了其预期目标和期望在行动理论终端（步骤 7）所获得的影响。步骤 7 还包含了社区、观众与支持者的感知效益。简言之，步骤 7 的指标既包括了博物馆的预期影响，也涵盖了受益者的感知效益。管理人员可对两者的一致性进行考察。由于行动理论是一个循环模型，步骤 7 中的所有指标都会指向步骤 1，即博物馆目标。例如，若您的博物馆提供了诸如热门外展等重要的感知效益，而您的目标却忽视了这一点，那么，您就需要考虑是否应增加或减少对此类效益的预期。

第二章中所罗列的博物馆潜在影响可分为四大板块，共计 14 个方面（见表 2.1）、60 项数据内容主题（见附录 C 表 C.2），分属博物馆行动理论的七大步骤。这充分证明了第一章开篇所引用的韦尔关于博物馆复杂性的论述。然而，即便指标列表已如此浩繁，它也永远不会完成。

MIIP 1.0 并不自诩是面面俱到的，其 51 个来源、1 025 项指标只是博物馆领域最佳指标的样本，还有诸多其他指标。尽管这些指标都来自权威专家资源，但该分析并不对指标的质量、有效性与实用性进行评判。因此，有些指标可能非常有意义，有些则未必，也必然会有诸多缺失的指标。基于研究与经验可以判断相关指标的效用，并构建新的、更好的指标。随着时间的推移，MIIP 1.0 可以不断发展，博物馆也可以不断完善其对指标的择取。博物馆行动理论这一评估框架本身也需要不断调整：

> 发现某一理论并不完全正确并不应使项目人员气馁。项目理论具有众多用途：它有助于明确这一项目应当如何开展，并将重点聚焦于关键结果的评估，同时也提供了诠释结果的框架结构。最终，无论该理论正确与否，它都为项目的运作机制提供了思路和框架。(Birckmayer and Weiss, 2000)

价值依据

为了维持传统收入来源并吸引新的赞助与支持，博物馆被要求提供其价值所在的依据。这让主流博物馆学家对博物馆成效及累积效应的实证不断施压，以改变价值判断和评估的游戏规则：

> 迫于社会和经济政策的压力以及来自资助方判断博物馆存在价值的要求，博物馆行业经常会发现自己处于被动地位，在经济和社会政策的功利性定义下，努力阐明自己的价值所在。(Scott, 2007)

其他领域也开展了诸多与价值评估相关的工作，例如由马萨诸塞州图书馆协会（Massachusetts Library Association）率先开发的图书馆使用价值计算器（Library Use Value Calculator）、战略三角（Moore, 1995）、平衡计分卡（Kaplan and Norton, 2001）以及 NSF、NIH、NEA、Kresge 和 IMLS 等主要资助方的项目评估标准。公共税务记录（如美国联邦税务 990 表及财务审计报告的要求）若能适应博物馆领域对机构评估的特殊需求，或可成为衡量影响与绩效的方法。

经济价值（worth）与使用价值（value）

韦氏词典将"worth"一词定义为"商品、服务或金钱之间的公平汇报或等价交换。某物的货币价值，即市场价格"。迈克尔·波特（Michael Porter）关于组织独特价值主张（unique value proposition，简称 UVP）的概念将市场价格、使用价值与内在经济价值等同（Porter，1985）。其他定义也将经济价值、价值与价格混为一谈。但对于许多人而言，这些术语在针对不同观点的不同的语境下具有不同的含义。

韦尔对于价值（worthiness）的关注使他强烈地感受到，有些博物馆因更有目的性、达成目标的表现更佳而比其他博物馆更具价值（Weil，2005）。

然而，价值判断是一个颇为棘手的领域。艺术博物馆是否比体育名人堂更有价值？对于学生的支持是否比旅游更有价值？基于圣经的特创论博物馆是否比基于科学的自然历史博物馆更有价值？您的答案将由您的世界观来决定，而其他世界观对于价值的定义不尽相同。

好在这种恶意的、毫无根据的论点对于整个过程既无必要也无用处，因为我们可以在不对价值进行判断的情况下评估影响、效益和绩效。艺术博物馆和体育博物馆都需要衡量其影响的方法，而对于这些影响相关的价值则可交由其他人来判断。

相较于经济价值，本书更为关注博物馆影响与效益的价值。对于价值的讨论始于"对谁有价值"这一问题。举例而言，观众参观博物馆展览的体验对于该观众而言是有价值的，而让参观者了解展览的内容则对一些支持者、甚至更大范围的社区而言也具有价值。

价值判断因人而异，而不由价值提供者决定。一座博物馆无法设定自己的价值，但可以就其对于社区、观众和支持者的价值相关的指标进行评估。

韦尔认为，博物馆的价值在于其影响（Weil，2005）。然而，博物馆的价值实际上是通过效益的价值来体现的。由于价值是由旁观者来判断的，因此任何评估都必须首先了解社区及其观众、支持者对其感知利益的价值判断是怎样的，然后再考察这些结果是否与对博物馆预期影响的评估有关。

博物馆因其影响与效益而具有价值

在美国，博物馆年度支出达 210 亿美元，雇用 40 万从业人员（Merritt and Katz，2009）。博物馆一般都能达到收支平衡，因此有如此规模的经费支出也可视作有大致相等的资金收入。由 40 万名博物馆专业人士所开展的各项活动所产生的效益，足以使全美博物馆整体影响力达到年均 210 亿美元的价值。根据近期 IMLS 对于 17 500 家博物馆的可靠统计测算，2009 年平均每座博物馆年度影响的经济价值至少达 120 万美元。

目前，美国博物馆的相关数据已足够充分，可以对某些方面的价值变化进行定量评估。尽管无形价值仍旧无法评估，但是衡量博物馆的有形价值已经成为可能。

我们可能永远无法知晓，更不用说衡量一座博物馆的整体影响力或总体价值。然而，我们可以对其产出和部分成果进行评估,并设定其不同方面的影响与效益的价值指标。一旦我们接受了博物馆具有某种总体价值的假设,哪怕我们无法对所有方面加以评量,也可以寻找动态指标,并通过考察一段时间内这些指标的变化,主动利用这些信息来对博物馆不断发展的价值进行管理。

影响与效益

博物馆开展的各项活动会对他人产生影响和益处。我们希望大部分影响是有益的,但诸如博物馆碳足迹等影响则并非如此。

成果、结果和影响等词汇反映的是博物馆正在(或想要)对个人或社会造成的改变,这基于博物馆是带来这些改变的积极因素的基本假设。其中,介词的区别尤为重要:成果源自博物馆活动,而影响则是在博物馆社区、观众和支持者身上产生的。[1]

博物馆渴望对其社区、观众和支持者产生影响,后者也从博物馆中受益。效益与影响可以有所不同,如参观水族馆的家庭获得了高质量的家庭体验,而水族馆对该家庭的影响是提高了他们保护生物多样性的意识。效益与影响也可以是一致的,如新手爸妈将蹒跚学步的孩子带到儿童博物馆,观察她在新的挑战中的成长与学习,而儿童博物馆的使命正是儿童发展。对于博物馆影响和效益一致性的研究或可使一些潜力和低效现象显现出来。牢记

---

[1] 译者注:英语使用介词"from"和"on"来反映这一差别。原文为:"Prepositions matter in their distinction: Outcomes result *from* the museum's activities, and impacts are *on* the museum's community, audiences, and supporters."下文不再赘述。

两者的区别很有必要，这依然可以通过介词来体现：社会、个人及组织从博物馆获得效益；博物馆对社会、个人和组织产生影响。效益是对受益者而言的，影响则是博物馆的希冀。当预期影响与感知效益一致的时候，影响与效益也是一致的，正如儿童博物馆的案例所显示的，博物馆和参观者都希望儿童得到发展；反之亦然，水族馆的例子就体现了这一点。

当感知效益与博物馆预期影响相一致，那么效益与影响的价值成正比，对于效益价值的评估也可反映影响价值的变化。儿童博物馆如何评估其在儿童发展方面的预期影响？如果博物馆了解其家庭观众在某种程度上是为了孩子的成长来到博物馆并满意而归，那么它可以对观众行为的变化（参观次数的增长或减少、重访情况、参观时间、花销等）进行跟踪，并作为博物馆在儿童发展方面影响力的衡量指标。

而在水族馆的例子中，当参观家庭的效益与水族馆的预期影响不尽相同时，该怎么做呢？在这种情况下，仅凭观众行为数据并不能说明博物馆在保护生物多样性方面产生了任何影响。但是，如果有正规的观众评估研究确定部分观众样本对于生物多样性的态度和意识受到了影响，那么参观量和停留时间的变化便可反映其对生物多样性影响的变化。

博物馆活动是对时间、精力和金钱的交换

博物馆身处繁忙而又激烈竞争的市场之中，它只是公众自由选择的一个选项。除了一些被动参加的博物馆活动，如学校学生实地考察、公司员工活动之外，绝大部分公众和组织都是自主选

择参与博物馆活动的。哪怕是通过立法建立的单项资助也会受到立法者选举、政治和经济波动的影响，正如许多博物馆在金融危机时期（2008—2009年）所经历的那样。由于全球各个城市的人们有众多打发闲暇时间的方式，因此去向的选择可以作为一种依据，也就是斯科特和霍尔登所谓的使用价值。一个简单的事实就是，公众对于公共机构的使用便是证明该机构价值的依据（Scott，2007，5）。

货币并不是博物馆市场唯一的通货，博物馆观众、参与者及支持者所花费的时间和精力也反映了他们对于从博物馆活动中所获益处的重视程度。我们的社区及其观众、支持者以其金钱、精力和时间作为交换，来参与博物馆活动，并从中获得感知效益。

货币作为一种价值指标存在着一定的局限性。世界上许多伟大的博物馆都向公众免费开放，众多城市博物馆也有免费开放日和免费参观政策。免费参观是一项明晰的公共价值。博物馆专家伊莱恩·古里安（Elaine Gurian）提出了一个颇受关注的社会正义论点，她认为若真想消除博物馆普遍可及的藩篱，并宣称自己是社区聚会的场所，博物馆就应当免费开放。一旦收费，上述宣告便无法成立（Gurian，2005）。像旧金山探索馆（Exploratorium）这样较为先进的博物馆格外珍视和支持其免费参观的观众，并将他们与其使命紧紧联系在一起。在2013年ASTC大会上，探索馆馆长丹尼斯·巴特尔斯（Dennis Bartels）解释了其通过面向观光客的高价票来贴补居民的优惠票价和弱势群体的免费项目的策略。

通过免费参观换取消费者数据是一种互联网商业模式，或可让一些博物馆受益。艾米·兰菲尔德（Amy Langfield）在《财富》(Fortune)杂志的一篇报告中指出:"达拉斯艺术博物馆(Dallas Museum of Art)减免了10美元的普通门票费……年参观量从49.8万跃升至66.8万人次……少数族裔观众增长了29%。"(Langfield,2015)尽管博物馆公共价值明显上升,但门票收入必然减少。

对于博物馆而言,时间和精力尤为重要,甚至比吸引资金更具挑战。免费参观被作为公共价值的指标,是因为公众确实行使了这一特权来参观博物馆。反映达拉斯艺术博物馆公共价值上升的一项指标正是投入精力参观的观众增加了34%。参与博物馆活动都需要花费时间,而实地参观博物馆还需要花费精力。投入的时间可由博物馆活动的总时长来表示,而投入的精力则包括了往返博物馆或馆外活动的所有安排和压力。个人临时参观的累计数量可以反映所耗费的精力。"临时"体现出每次参观所包含的工作量不尽相同,因此我们需要寻找更合适的衡量标准。对于一个住在其他城市的多代同堂的移民家庭来说,他们前往博物馆所耗费的精力要大于住在附近酒店的游客夫妇。

时间对于这两类观众的价值也不尽相同:移民家庭可能只有周日才有机会聚在一起,他们要花大部分的时间来做与其文化传统相关的事项,几乎没有宝贵的时间去参观博物馆。而退休的夫妇则有充裕的时间。精力和时间也与金钱一样构成前往博物馆的障碍。

互联网和移动设备端的博物馆的一个重要特征在于,参与虚拟博物馆活动所需的资金、精力和时间大幅减少。外展项目让博物馆突破围墙,走进社区和学校,减少参观障碍。难点在于在博物馆内开展的实体活动:这些与独特的藏品和博物馆工作人员的实际接触与交流需要耗费观众的时间和精力，往往还需要金钱。我们的观众由此得到了什么？能够证明其有所收获的依据或许是他们还愿意不断地前来，不断地投入时间、精力和金钱。

年度交换总数是指我们的社区及其观众、支持者每年为所获益处而投入到博物馆活动中的资金、精力和时间量。为了加深对年度交换总数的几个简单数字的理解，我们需要评估研究、调查及对话来了解每个促使这些交换形成的领域。

在竞争激烈的自由选择市场中，这些交换是博物馆所在社区及其观众、支持者认为博物馆活动相较于其他有竞争力的游客体验、项目工作室、志愿者活动、慈善事业和捐资申请更有价值的依据。博物馆需要通过提供各类活动来参与竞争，吸引资金、精力和时间的投入。这项艰巨的任务需要最优秀的人才和相关资源来创造强有力的效益和竞争价值。

博物馆活动为社区及其观众、支持者带来价值的必要性，可通过以下更具建设性的表述加以重申：社区及其观众、支持者为博物馆所投入的资金、精力和时间是反映博物馆之于他们的价值的依据和指标。这类交换的记录可以证明博物馆产生了具有竞争力的感知效益。当我们考察一段时间以来这些交换数据的变化，并与同行博物馆进行比较，这些数据便更能说明问题。这一过程是本书第二部分的重点。

谁为社会影响买单？

MIIP 1.0 数据库的 660 项外部影响指标中，有 404 项与博物馆希望对整个社区产生影响的公共价值有关。与社会影响相关的指标得到的关注是观众和支持者影响相关指标之和的两倍。第一章所提到的博物馆学作者对于博物馆价值的论述，通常讨论的是公共价值或博物馆对于社会及社区的价值。在博物馆潜在影响类型表中（见表2.1），公共领域影响包括了扩大参与度、保护遗产、强化社会资本、提高公众知识水平、服务教育、推动社会变革以及传播公众认同与形象。

这七类公共影响似乎完美无缺，但谁来为它买单？

在一些博物馆的管理结构中，有着直接的答案。对于隶属于政府、部落和大学的博物馆来说，（其服务的）社区是由经费来源所决定的，博物馆社区影响的年度价值至少应等同于社区的投入。加利福尼亚州阿纳海姆的 Muzeo 是一座市立博物馆，旨在提升城市活力与市民的生活质量；由达特茅斯大学运营的胡德博物馆（Hood Museum，新罕布什尔州汉诺威）为师生提供教育资源，并丰富了这座大学城的文化生活；史密森学会在美国乃至全球文化、遗产保护、公众知识的促进以及国家认同的构建中发挥着核心作用，主要由联邦税收提供经费支持。这些经费资源旨在服务整个社区，通常法律或政策会阻止其仅让个人和私人团体受益，因此这些博物馆的经费都必须用于更广泛的社会公益事业。

然而，许多博物馆都是独立的501（c）（3）非营利组织①，而不是由大学、部落或政府来运营的。虽然其中有些独立博物馆

---

① 501（c）（3）组织是指符合《美国法典》第26编第501（c）（3）条条款，获得免税资格的企业、信托、非法人团体或其他类型的组织。501（c）（3）免税条款适用于专门为宗教、慈善、科学、文学或教育目的组织和运营的实体，以及用于检测公共安全，促进国家或国际业余体育竞赛，预防虐待儿童、妇女或动物的组织。501（c）（3）豁免也适用于专门为此目的组织和运营的任何非企业性质社区机构、基金、合作协会或基金会。——译者注

接受来自公共纳税人的经费，但 AAM 关于博物馆运营经费来源的图表显示，最晚自 20 世纪 70 年代以来，来自公共资源的预算占比就直线下降（Merritt and Katz, 2009）。独立博物馆陷入了一个困境——对于公共影响及社会整体效益的要求日益提升，而公共经费却不断下滑。

在刚刚提到的 AAM 的图表中，还显示出私有领域支持的资金已弥补了差额。博物馆在保有仅存的公共经费的同时，已转向私人支持者（捐赠者、企业赞助商、私人基金会、筹款活动等）来为其社会影响买单。总而言之，博物馆产生社会影响与效益所需的经费由其私人和公共支持者共同提供。

在商业方面，地区性公司、企业及其支持性政府机构和非政府组织等亦会对博物馆社会影响进行资助，来实现更大的利益：助力经济并提供企业社区服务。

观众也对此提供了帮助，但其与博物馆的价值交换主要在于个人影响与效益：促进个人成长、提供个人休憩、欢迎个人休闲。

倘若一座博物馆仅靠来自观众的收入来运营，那么它是否还有义务提供社会影响呢？从理论上来说，答案是肯定的，因为非营利组织有义务提供公共服务。但如果它没有获得实现公共影响的资助，那么让世界变得更加美好的信念就会在残酷的市场现实中败下阵来，因为博物馆要为其仅有的付费观众提供有价值的个人效益。然而，即便是传说中完全靠自身收入生存的博物馆，只要对观众造成足够大的影响，那么更广泛的社会群体也可能从中获益——只要激励了哪怕一位诺贝尔奖得主，就可能改变整个地区的经济。

对于无资金授权的追求或许是某些博物馆领导者自以为是的想法：在没有得到以社区支持为形式的某种程度的确认前，他们如何确定自己知道社区需要什么样的影响？Exploris 作为一座斥资 4 000 万美金打造的全新博物馆和全球学习中心，于 1999 年在北卡罗来纳州的罗利建成开放。其创始人在经营一家成功的企业之前，曾在美国和平队（Peace Corps）服务。该博物馆的目标是增进对全球文化的理解，其预期影响是希望观众，尤其是青少年能够对世界各地的人民抱有尊重和同理心。这一崇高的目标能够筹集到资金，但观众却并不买账（任何博物馆都很难吸引青少年），而其他支持者继而转向了其他更为紧迫的事业。Exploris 不得已于 2007 年关闭。①

换言之，社区并没有对 Exploris 的影响或效益给予充分重视以维持其运营。恰恰相反，若一座博物馆能从公共和私人支持者那里获得经费，那么专家们（捐赠者、资助金拨款官员、立法人员等）就有理由相信该博物馆对于社会具有可贵的影响。

评估的益处

评量将如何发挥作用？在突破地域、政治和既定规程，实现想象力的飞跃并展望美好的未来时，确定衡量博物馆对他人影响和效益价值变化的方法、评估博物馆绩效等举措的益处便能更好地被理解：

---

① 这座建筑在 2007 年被改造为罗利弹珠儿童博物馆（Marbles Kids Museum）。笔者的公司曾为 Exploris 进行了简短的咨询，试图调整他们的预算期望值。

- 博物馆将通过选取的关键绩效指标评估其年度影响、效益及绩效变化,并获得相应的硬数据和确凿依据。
- 博物馆将形成自己独特的数据表,其中包括各种关键绩效指标及相应的可靠且有意义的数据。管理人员可以根据这些数据对机构资源不断进行调整和引导,以提升博物馆实现发展目标的效力和效率。
- 博物馆将与同行共享数据,此举有助于确定和表彰最佳实践,为表现欠佳的博物馆提供改进的动力和榜样,并打造分享实践、项目与展览的平台。

美好的未来推动着我们不断前行,但立足当下,我们能做些什么?这是博物馆的前沿领域。我们还没有完备的工具,仍在为了生存而忙碌。然而,我们拥有各类资源,博物馆也已有足够的数据和平台来发展一种评估和展示自身公共、私有及个人价值的文化。现有的评估工作已经能够帮助我们提高影响力和绩效。

商业大师、《从优秀到卓越》(Good to Great)一书的作者吉姆·柯林斯在 2008 年 ACM 会议上指出,与伟大的企业一样,卓越的博物馆也会制订目标并评估结果,通过管理 KPI 来实现自身成长与可持续发展。没有 KPI,博物馆就会缺乏从优秀走向卓越的保障。

针对博物馆影响力已有一些可靠的指标,如经济影响研究、观众满意度调查及诸多反映特展、影片、课后工作坊及其他项目学习成果的总结性评估研究。"不列颠这么想"与英国博物馆协会开展的一项全国性研究发现,英国民众认可该国博物馆有着各种各样的益处(MIIP 1.0 指标♯698—♯706)。许多受访者都认为博物馆对个人和社会而言是有益的(Britain Thinks, 2013)。

在数据字段层面亟须的一项工作是标准化。博物馆应就相关数据字段的定义达成一致，如实地参观、全职（full-time equivalent，简称FTE）员工和设施规模等。当然，博物馆目前还不需要就涉及数据字段公式和计算的KPI达成共识。当我们朝着韦尔所说的挑战前行，在评估影响力的方法上达成一致时，还需留意他的提醒："需要特别注意的是，与其采用一套不合适的方法来评估博物馆影响力，倒不如没有，或许对博物馆更好。"（Weil，2003，53）。为了避免发生这样的情况，每个博物馆都需要支持数据字段的标准化工作，并审慎地决定和选择对其重要且适合的KPI，而拒绝那些由他人强加的并不适合的指标。例如，博物馆应以同样的方式统计实地参观观众，但不同博物馆可以根据自身情况判断该项数据的重要性，并决定是否将其纳入该博物馆的KPI数据字段。

将关键绩效指标（KPI）作为影响力指标

博物馆社会成果的数量之多、种类之众，令人望而生畏，无法一一细数。对博物馆每年开展的每一个项目进行评估研究是不现实的，但我们可以就整体情况和机构影响进行考察。这就意味着要将评估过程从"某一项目对每位参与者有什么成效"转向"博物馆对社会有什么影响"。我们可以通过整体机构运营数据来考察博物馆作为社会资源的整体表现，包括其所有的展览及各类活动。

审慎选择的关键绩效指标群能够形成具有重要意义的管理数据情况表。KPI可以将定量运行、评估及市场数据组合成公式，来实时跟踪数据字段间的关系。比如，选择带学生前往博物馆的教师人数（运营数据）除以教师总人数（市场数据）所得即为市场指标的 KPI，反复前往的教师比例则是满意度 KPI 的一个因素。可能还有许多其他因素在起作用，因此需要进行定期评估以检验这些指标的有效性。

有些 KPI 或许能够反映博物馆正在实现其预期影响，即便这些 KPI 是基于对活动产出的统计。就前文的例子来说，如果我们认为教师是教育专家，那么他们对于博物馆的反复选择可以视为专家群体对博物馆教育价值的评价高于其他选项。那些可以作为影响力指标的 KPI 有可能成为新的影响力评估工具。

MIIP 1.0 中的部分 KPI 可以被重申为预期影响。如"学校教师在课堂上将其列入重要性序列"（♯393）这一感知效益可改写为预期影响，即"希望我们的博物馆对学校教师而言很重要"。又如净推荐值（Net Promoter Score，简称 NPS）（♯641）是反映观众感知效益的一项指标，可被改写为"希望观众向他人推荐我们的博物馆"这样的预期影响。

如第一章所述，行动理论是一个连续的过程，有必要对不同环节交界处的指标进行研究，尤其是步骤 6 的 KPI 和步骤 7 的感知效益两个环节之间的边界。下文所举的例子便处于这一有趣的交界区域，有些特定来源的输出数据可能会反映出效益和影响，这些边界 KPI 被标注为"步骤 6b KPI：可能反映影响力"。步骤 6a 的 KPI 往往是纯运营性的，如儿童与成人门票销售比例。步骤 6b 的 KPI 虽然仍是基于运营数据的量化计算，但可能会反映出影响力与绩效。博物馆相关负责人人均发表同行评议期刊文章的数量在数理上是一项统计产出的 KPI，但该数据的变化能够很好地反映博物馆对公共知识所做贡献（博物馆的 14 类影响之一）的变化。

步骤 6b 的二级指标或许是通过定量评估、运营和市场数据对成效和影响加以评估的最有效的途径。只要我们尊重社区及其观众和支持者所做决定的专业性和责任感，并接受我们必须为他们的决定而竞争，那么下面提到的几项 KPI 就可能成为专家眼中考察成效和影响力的有效指标，尽管 KPI 往往仰赖于数值型数据。从 MIIP 1.0 的 77 项指标中选出的、被标记为"可能反映影响力"（指标来源见附录 B，按编号罗列）的指标紧随其后。

这些 KPI 是基于年度运营数据和定量调研计算的。在很多情况下，它们也会关注包括教师、基金项目官员、合作组织或忠实会员家长在内的专家针对其相关人员需求采取的实际行为。

虽然有望通过这类 KPI 来考察影响力的变化，但是大数据需要小数据来支撑。输出型指标（大数据）的有效性必须通过评估研究（小数据）定期检验，以确保其所记录的变化是由预期影响的改变造成的，而不是主要由市场推广、新的竞争或学校预算调整等因素导致的。实际上，任何指标的变化都有诸多影响因素。志愿者工作时间的增加可能是因为对博物馆志愿者活动感知价值的提升，但也有一部分原因可能是老年中心开设了新的接驳班车。博物馆管理人员需要拥有对外部因素的敏感度，并注意不要臆断指标的变化全由某一因素造成。KPI 是评量影响力仅有的指标，但它们会受外部变量的影响，因此并不完美。如所有社会成效研究的方法一样，调研和分组座谈也会存在一定的局限（Mulgan, 2010）。

为了改善这些问题，博物馆需要制衡，比如使用开放式评估来衡量定量运营数据。本书所提出的流程促使您从多种角度出发，采用不同评量方法，以解决博物馆影响力的复杂性问题，以及单一视角或测量方法在某种程度上可能造成的误导。我们需要通过周期性的评估研究（小数据）对每一项 KPI（大数据）进行检验，以确认大数据的变化是否与影响力的变化相关。这可以被概括为博物馆评估的一句行话："不断评估，定期验证。"

通过关键绩效指标来反映绩效状况已是商业及其他非营利领域的普遍做法，但在博物馆行业，将 KPI 作为影响力指标还是一种创新（Lee and Linett，2013）。尽管（观众）评估仍是衡量特定项目针对其目标所获成效的最可信的方法，但 KPI 在衡量一系列成果、观察和记录博物馆年度影响的趋势和变化方面更为适用。

可能反映影响力的 KPI

扩大参与度

"管理两名或两名以上员工的少数族裔雇员的比例"（♯327）

"观众人口统计与本地人口统计数字的一致性程度"（♯382）

强化社会资本

"博物馆同时与多少个其他组织存在合作关系？"（♯544）

"博物馆专业人员平均每月在社区事务上花费多少时间，如作为服务组织、市政委员会、非营利组织或志愿者组织的成员？"（♯557）

提高公众知识水平

"员工人均发文数——英国自然历史博物馆为 2.73"（♯997）

> "获研究资助的博物馆/大学项目数目及价值"（♯659）
>
> **服务教育**
>
> "学校教师在课堂上将其列入重要性序列"（♯393）
>
> "博物馆每月接到多少学生关于学校作业的致电或课后参观？"（♯522）
>
> "中心对教师专业发展的需求"（♯640）
>
> **助力经济**
>
> "每年的国际游客人数"（♯657）
>
> **促进个人成长**
>
> "认为参观超过预期的观众的比例"（♯390）
>
> "净推荐值——推荐的可能性"（♯641）
>
> "每年每位观众的参观次数"（♯667）
>
> "勤勉参观者（%DV）是指在跟踪样本中对展览半数以上的展品、展项驻足的观众比例"（♯681）
>
> "扫描速率指数（SRI）是指展览面积除以随机观众样本的平均总停留时间"（♯685）
>
> **构建博物馆资本**
>
> "新的赠与或捐赠的增长导致的捐助变化"（♯433）

小　　结

公众和组织将资金、时间和精力投入博物馆，以换取他们所收获的影响与益处。这些时间、精力和收入的交换反映了博物馆所提供的累计价值。

在这三项价值指标中，对货币交换的统计是最为全面和准确的。这并不意味着收入比时间和精力的投入更为重要，但确实说明收入数据相较于精力投入和停留时间的统计而言，更具一致性、准确性和可比性，也便于第三方检验。那些与观众和支持者在博物馆投入精力相关数据的质量和一致性仍在不断改进。作为精力投入的一项指标，参观量一直被用来衡量一座城市博物馆的受欢迎程度，也是诸如会员、零售等诸多博物馆项目开展的驱动力。当然，它并不是唯一的衡量标准。

通过一个完善的程序来管理和利用运营数据，能够进一步推动博物馆影响力和绩效的改善与发展。这一过程对博物馆及其专业人员，乃至整个博物馆行业都有诸多益处，包括提供了影响力和绩效变化的依据、为决策提供信息的 KPI 情况表以及博物馆共享数据与最佳实践的网络。

以运营、评估和市场数据为基础的关键绩效指标是最有望用来反映影响力变化的，只需定期对其准确性和意义进行检验和评估。

本书的第一部分探索了博物馆行业丰富的研究文献和睿智思考，提出了一套基本行动理论，划分了博物馆潜在影响的 14 种类型，并得出了相关推论与启示。第一部分所开展的分析与理论构建的实际用途是什么？下一步要怎么做？本书的第二部分将由第一部分的理论过渡到实践，循序渐进地介绍如何使用这些工具。MIIP 1.0 是为这项研究而构建的，也可以作为博物馆评估的工具，而行动理论则可以作为博物馆组织管理和评估的框架。

本章参考文献

Birckmayer, Johanna D. , and Carol Hirschon Weiss. "Theory-Based Evaluation in Practice: What Do We Learn?" *Evaluation Review* 24, no. 4 (August 2000): 407-31.

Britain Thinks. *Public Perceptions of‐and Attitudes to‐the Purposes of Museums in Society*. Britain Thinks for Musuems Association, 2013.

Gurian, E. H. "Free at Last: A Case for Eliminating Admission Charges in Museums." Museum News 84, no. 5 (September/October 2005).

Kaplan, R. , and D. Norton. *The Strategy-Focused Organization: How Balanced Scorecard Companies Thrive in the New Business Environment*. Boston: Harvard Business School, 2001.

Langfield, Amy. "Art Museums Find Going Free Comes with Cost." *Fortune*, June 1, 2015. http://fortune.com/2015/06/01/free-museums.

Lee, Sarah, and Peter Linett. "New Data Directions for the Cultural Landscape: Toward a Better-Informed, Stronger Sector." *Cultural Data Project* (now DataArts), December 2013. Accessed October 8, 2014. http://www.culturaldata.org/wp-content/uploads/new-data-directions-for-the-cultural-landscape-a-report-by-slover-linett-audience-research-for-the-cultural-data-project_final.pdf.

Merritt, Elizabeth E., and Philip M. Katz. *Museum Financial Information* 2009. American Association of Museums, August 1, 2009.

Moore, M. *Creating Public Value: Strategic Management in Government*. Cambridge: Harvard University Press, 1995.

Mulgan, Geoff. *Measuring Social Value*. Summer 2010. Accessed November 4, 2014. http://www.ssireview.org/pdf/2010SU-Feature_Mulgan.pdf.

Porter, Michael E. *Competitive Advantage: Creating and Sustaining Superior Performance*. New York: Simon and Schuster, 1985.

Scott, Carol. "Advocating the Value of Museums." *INTERCOM*. August 2007. Accessed November 4, 2014. http://www.intercom.museum/documents/CarolScott.pdf.

Weil, Stephen. "Beyond Big & Awesome Outcome-Based Evaluation." *Museum News* (November/December 2003): 40-45, 52-53.

—. "A Success/Failure Matrix for Museums." *Museum News* (January/February 2005): 36-40.

第二部分

实践：如何评估博物馆影响力和绩效？

- 第四章　从理论到实践的转化
- 第五章　以博物馆目标及影响为重
- 第六章　确定博物馆绩效评估指标
- 第七章　与同行博物馆的比较
- 第八章　报告影响力和绩效的变化
- 第九章　总结及未来发展潜力

第四章　从理论到实践的转化

博物馆专业人员如何将这些理论应用于博物馆实践？我们该如何评量影响和绩效？

本书的第二部分介绍了评估影响力变化和对比绩效的方法。两部分内容以共同的理论、数据定义及博物馆整体框架为基础，客观、中立地帮助博物馆对其认为重要的事项进行统计，并根据其优先级衡量绩效评分。

本章主要构建了基本定义和研究流程，为后四章的具体实践奠定基础。本章内容主要包括：关键绩效指标概述；对于评估及运营数据质量局限性的理解；将 MIIP 1.0 和博物馆行动理论作为规划工具的使用说明；开始为博物馆预期影响和绩效量身定制 KPI 组合。

杰森·索尔（Jason Saul）所著的《非营利组织的标杆》（*Benchmarking for Nonprofits*）是一本非常好的手册，它阐述了通过标杆管理来促使机构进步的基本原理，并提供了开展评估的工作表模板。索尔使用标杆来界定最佳实践，继而设定目标来缩小目标与现状之间的差距。他认为："标杆管理让任何组织都能将今天的最高水准变为明天的行业标准。"（Saul，2004）。本书的实践部分旨在明确博物馆评估的步骤及适合其语境的工作表模板示例。

本书所构建的方法和公式适用于符合附录 A 中定义的广义上的任何博物馆。由于各个博物馆都有其独特的目标、资源和面向的社区，因此博物馆需要找到最适合自己的评估标准。

建立评估指标的基本法则

根据第一章提到的韦尔的理论，博物馆的价值等同于其影响的价值。当我们制订了一些基本假设和规则，便可以此来考察博物馆影响及效益的感知价值的变化：

- 博物馆参与包括了公众与博物馆之间所有的物理交流，无论是馆内还是馆外项目，无论是与观众、项目参与者、捐赠者、顾问、志愿者还是社区的其他成员之间的互动。博物馆参与是指非博物馆雇员或合同工个人前往参观博物馆或参加博物馆发起的馆外项目。个人参观是对个人所投入精力（也包括时间和资金）的衡量。当物理参与数据报告形成之后，还可将虚拟参与纳入其中。个人博物馆参与（又称个人参观、实地参观）是一项评估单位。
- 观众和支持者在参与博物馆的过程中投入了时间成本。停留时间以抵达至离开的分钟数计算。尽管准备出行、途中及后续过程都要花费时间，但我们所能测量的只有在现场的时长，甚至这些数据也很少得到统计。有些博物馆可以方便地对观众车辆抵达和离馆时间进行统计来观察趋势，如配备时间标记系统停车场的波士顿科学博物馆（马萨诸塞州)。然而，大多数博物馆并没有这样的计时系统，因此更依赖对参观时长的预估或活动开展时长。随着技术的不断发展，展厅配备了传感器来记录观众活动和拥挤程度。这一系统可以用来统计停留时间，确定博物馆中停留时间最长和最短的区域，并解决瓶颈问题。但就目前而言，即便是平均参观停留时间这类最基本的信息，也尚未被广泛地收集，更不用说在定义上的标准化了。因此，本书主要对资金和精力指标进行考察。

- 年度运营收入具体指在运营年度内收到的用于运营及其相关资助项目的经费。捐赠收入和其他非成果性收入并不能很好地反映博物馆社会成效的价值变化，因为它们不是自由选择"购买"博物馆社会成果的行为，而这些非社会成果性收入不能计入社会价值。此外，用于非经常开支项目或其他非常规情况的经费也应予以排除。①
- 将年度数据与博物馆财年同步是最稳定、最可靠的评估周期，并被认为可以涵盖所有数据字段的时间段。
- 员工人数、展厅面积等资源指标会在财政年度结束时进行报告，并对一些发生重大改变的状况加以说明。

使用多种关键绩效指标

指标是一个通用的、包罗万象的术语。使命宣言是反映博物馆目标的指标，年度预算是反映经营规模的指标，而观众满意

---

① 但它们却是博物馆资本资产的有益补充。

度、支持者重访率则是反映博物馆成果的指标。关键绩效指标是 MIIP 1.0 指标的一个子集，被标记为步骤 6a 和 6b，其中大部分 KPI 是包含两个或多个数据字段的数学公式。一个数据字段可以有不同的数据条目，如今年和去年，也可以有不同的来源，比如同行博物馆和市场数据。

或许您所在的博物馆已经在收集 KPI。诸如每平方英尺的公共事业费、观众平均成本、营销成本与收入的比例、学校人群的获取率等效率指标，都是管理监测和效率评估常用的 KPI。但 KPI 是否可以用来评估预期目标和效果？只有您和您的利益相关者经过审慎筛选、数轮测试和完善之后，才能回答这个问题。在第五章中所阐述的流程将博物馆预期目标及其影响作为首要环节。

博物馆可以根据其评估和运营数据、社会经济数据以及同类博物馆样本的平均和/或中位数，对选定的 KPI 进行量化。当博物馆的无形价值在单位水平上保持基本不变时，那么单位数量的变化就为博物馆提供了一种方式来衡量其累计影响价值的变化，并将其绩效与同行进行比较。

这些数字反映了影响力及相关绩效的变化，它们既不是对总价值的计算，也不是某种绝对绩效规范。在这一特殊理论尚未提及的方面，博物馆仍有不可估量的无形价值和（经济）价值，而正是这些价值激发了赞助经费的投入，也为经营收入来源提供了品牌保障。KPI 仅对博物馆有形价值进行计算，但当无形价值大致恒定时，这些有形价值的变化可能是反映效力、效率和绩效变化的可行指标。博物馆管理人员可利用这些数据来扩大成果量、改善社会服务，并提升博物馆影响力和绩效。

绩效评估是效率和效力评量的数学运算。斯蒂芬·韦尔发现，博物馆将其资源作为实现目标的一种手段，因此，对于博物馆绩效的衡量需要包括其如何有效达成目标及其对资源利用的效率。他进一步指出，倘若没有效力，那么衡量效率便没有意义（Weil，2005）。

珍妮·斯塔尔[①]在这一领域投入了数十年的精力，希望通过KPI 的构建和相关工作帮助博物馆评估其运营绩效，并与同行进行横向比较，同时为博物馆扩建、新建等资本项目提供经营状况的相关信息。斯塔尔根据其丰富的博物馆项目经验，创建了一套KPI 菜单。作为 ASTC 分析和趋势专业委员会委员，她参与了IMLS 博物馆普查的推荐性调研问题的制订。此外，她还是ACM 在线基准计分系统的开发商。

斯塔尔发现，绩效指标具有广泛的用途，如同行评议、自我评价、影响力指标、市场指数、单位成本、变化量及目标值等是目前已被广泛应用的常见类别。

同行评议

一些博物馆协会提供由同行博物馆管理人员进行的正式机构评估。这些评估工作遵循既定的程序，如评审博物馆的道德准则、财务报表、规划文件以及藏品保护应急预案等。有些博物馆协会提供认证服务，如 AAM 和 AZA；有些提供评估模板，如AASLH 的 StEPs 项目、ACM 的在线基准；还有些提供私人化的咨询，如 AAM 的博物馆评估项目（Museum Assessment Program，简称 MAP）。同行评议结果及相关文件可以作为未来

---

① 斯塔尔女士是笔者在白橡木研究所进行博物馆分析和规划的工作伙伴。

规划的基础。

自我评价

大多数博物馆都面临着来自内部和外部的各种意见。关于博物馆应该做什么、错在哪里以及如何补救等的意见，不会也不应局限于自上而下的指令。大部分博物馆作为公共机构，应当欢迎来自各方的意见。这并不意味着要试着去处理所有的意见，然后对其中的很多说"不"，而应将这些意见加入愿望清单，使其成为博物馆未来规划所考虑的潜在想法的数据库。SWOT（Strength, Weakness, Opportunity, Threat，即优势、劣势、机会、威胁）是收集内部意见的很好的自我评估训练，每条意见都可以归入数据库进行分类和分组。绩效和空间利用评估将运营数据和空间配置与同行博物馆进行比较，可以对当前的业务模式及建筑利用情况进行考察。这些评估将使那些表现卓越和存在机遇的方面凸显出来。

影响力指标

博物馆需要证明其影响力的依据。在过去的 30 年里，这一诉求促成了由博物馆项目评估人员组成的专业团体的建立，形成了日益丰富的关于学习及其他社会成果的依据。

这类评估大多是客观因素驱使的，如资助者希望确认其捐助的用途。但博物馆也需要不同的影响力评估方法，来衡量家庭、学校、少年、青壮年、老年人、企业、私人基金会、政府机构及社区所感受到的更为广泛的博物馆影响。经济影响研究及筹款审计是较为完善的评估方法，但我们需要更多方法来评估其他影响,如社区建设及生活质量提升。并不是所有的影响都是正面的、符合博物馆品牌的,也无法承诺每一种影响都能实现,但是一张完整的博物馆影响力清单将会反映博物馆社区、观众及支持者感知效益的范畴。

体现影响力变化的指标

如果之前开展的评估研究或合理假设验证了博物馆特定影响具有初始阶段,比如筹集社会资本,那么博物馆可以通过选定的社会资本 KPI 对这一影响的定量变化进行跟踪,如博物馆合作伙伴的增多、社会团体设施利用的增加、社交媒体参与的增长等。若能从某些层级的影响入手,那么博物馆便可以监测该影响相关指标的变化。

市场指数

市场指数是博物馆数据占社区或市场数据的百分比。该指数是衡量市场内部可比绩效最有用的指标:贵馆社区学龄儿童的市场指数是增还是减?贵馆在地区慈善支出中所占的份额是多少?

市场指数反映了社区的变化。在考虑市场增长因素之前,博物馆不应该对参观量的增长沾沾自喜。

市场指数是一项分析性数据,而不是服务性的。这是因为它是基于市场数据的,通常是一些现有常住人口统计数据,并不包括居住在博物馆所在地区外的观众,如游客和较远地区的学校团体。参观量对市场人口指数为 32% 并不意味着有 32% 的常住人口接受了服务,因为游客数量被统计在内,但他们却并不是常住人口。根据市场指数的定义,同行博物馆有着类似的社会环境、游客与较远地区学校团体占比,因此,博物馆之间两项数据的差异是成比例的,且基本可以抵消。对于游客数据要格外谨慎,比如奥马哈和新奥尔良地区的旅游业有着截然不同的状况,新奥尔良的某座博物馆相较于奥马哈类似的博物馆有着较高的市场指数,这只是因为前者的观众数据统计中包含了更多都市人口以外的游客数量。游客数据或许不是影响儿童博物馆市场指数的因素,但对以吸引游客为主的大型水族馆而言则不尽然。另一个异常现象是参观量占人口市场比例与人口规模成反比:一般而言,人口越多,参观量占比就越小。这或许是由大城市中提供休闲的选择过多所致。

市场人口数据的来源必须是稳定的、以相同方式获得的,并与博物馆年度运营数据同步。这种一致性非常重要,甚至可以对理想化的定义做一些妥协。例如,ACM 关于学校参观量的 KPI 将"都市或微型都市统计区"(Metro or Micro CBSA)的城市人口作为分母,而不是看似更有意义的在校人数。这是因为每个城市的学区大小不尽相同,因此并不总是与地理人口数据保持一致,而都市和微型都市人口是全国统一标准。

可能有用的市场指数 KPI 包括(也可参见附录 D 示例):
- 博物馆参与总数/都市人口
- 人均收入/都市家庭收入的中位数
- 每平方英尺能耗/都市公共性建筑的平均能耗
- 服务学区数/地区总学区数
- 公共资金在收入中的占比/全国博物馆行业的平均占比

单位成本

单位成本是典型的内部运营数据相关的比值,分子是金额,分母是单位数量，即美元/单位。平均票价（Average Ticket Price，简称ATP）是一项常用KPI，是由总门票收入除以总入场人次（包括免费入场）所得。其他有用的与资金相关的KPI包括：博物馆商店人均消费、每次实地参观产生的收入、每平方英尺的设施运营费、员工人均人力资源成本、每支出一美元开发经费所筹集的资金。

单位成本也适用于非货币性单位，如展厅每平方英尺的参观人数、建筑每平方英尺对应的城市人口以及全职雇员人均参观次数等。将这些单位成本与同行进行比较，可以确定调研所需的成本，有助于下一步规划的制订。

例如，与同类博物馆相比，展厅每平方英尺的参观人数相对较高，说明展厅过于拥挤。在科学中心广受欢迎的互动展区，年度参观人数除以展厅面积所得的比例是一个很好的反映拥挤度的指标；而拥挤度超过8或10可能意味着展厅需要扩建，都市人口与建筑规模的高比值亦说明有扩建的需求。较高的雇员人均参与比例可能反映了员工工作效率高、压力大和/或低于同行的公共服务水平。

解决了衡量标准的正确性和数据的一致性这两大难题，博物馆就能计算其单位成本效率：在我们的总收入中，年度博物馆参与次均收入是多少？博物馆参与次均停留时间有多久？在统计出博物馆参与总数前，这些计算是无米之炊，但我们可以从单位成本的子项开始收集，如平均每次实地参观产生的收入。

变化量

变化量是增减幅与上一年度数据的比值。例如，学校团体年度收入变化百分比是由去年与今年年度经费的变化量除以去年总经费所得，其数值可能是正的，也可能是负的。变化量也可以简单地用今年的总额除以去年的总额来计算，若结果大于 1.00，则有所增长，反之则为减少。有些 KPI 的计算公式包括了其他 KPI，是从不同年度的几个数据字段中提取的多层公式，如考虑到地区企业收益和通胀，对企业会员增加赞助的五年移动平均数进行考察。

变化量对于规划目标的设定和监测非常有用，如提高学习成果、增加私人支持收入、降低能耗及提高会员保留率等。变化量是博物馆提高效力和效率的基础，博物馆管理者可以设定具体的变化目标比例，并在年终进行评估。数据间的比较通常需要算法来调整通货膨胀、经济环境和经济指数的地区性差异。

目标值

目标值是博物馆用以衡量实际结果的既定目标。根据美国人口普查局（U.S. Census Bureau）的报告，文化身份、经济阶层、性别等方面的多样性可以作为目标百分比，也就是说，博物馆可以对其实际的多样性进行比较，并设定新的目标。预算是用来判断收支的定额。理想的 KPI 可以用作衡量发展的目标值，如博物馆的目标受众份额。

社区维度的评量——探索的沃土

博物馆需要将其指标和运营数据置于社区或市场层面，在现有及新兴的社会和文化评估方法的背景下进行思考。在社会健康方面有一些普及性的指标，如《福布斯》（Forbes）的"最宜居城市"(Levy，2010)和"创新经济"(Florida，2002)，也有完善的国家层面的区域性科学指标(National Science Board，2012)、人文指标(American Academy of Arts & Sciences，2010)和艺术家基金会的国家艺术指数(Cohen and Kushner，2014)。这些都是关系型数据的可能来源，就像从诸如Demographics Now的订阅源获取的人口和心理统计数据。美国人口普查的免费在线资源American FactFinder是美国人口统计数据的一个重要资源，地方或州政府的在线网站亦是如此。在更为细致和深入的分析层面，创新工作正在诸多跨学科研究中心展开，如城市研究所(Urban Institute)、芝加哥大学国家民意研究中心(NORC)、俄亥俄大学沃伊诺维奇学院及印第安纳大学慈善研究中心。

社区的福祉与其得到的博物馆资源总数之间的关系也可以通过博物馆年度参与和人口的比例、免费及优惠的公共空间总面积与人口的比例、所有博物馆人均志愿服务时长，以及用于社区博物馆的可支配收入占比等来进行考察。

将这些指标与类似人口或同一人口数据进行长期比较，可能显示公民福祉与社会服务机构投入之间的相关性。生活质量指数与博物馆利用情况是否相关？创新指标与高于平均水平的文化基础设施及配套措施是否相关？若能发现此类关联，便可以发展和检验与潜在因果关系相关的理论。这些探索还可能揭示其他博物馆影响力指标，如博物馆在发展地区经济、文化认同及劳动力方面的作用。

作为使用和价值指标的社交媒体和数字化数据

博物馆可获取的数字化数据无论在范围还是信息量上都在不断增长。使用方式、博物馆引用情况、对博物馆的态度、拍摄的照片及手机端的提问都是博物馆可以获得的几类数据，并可据此进行行为观察、意见管理，了解产生的影响，倾听观众与项目参与者的心声。

相关数据也可以通过现场传感系统和观众信息输入站采集。人体传感系统让展厅参观动线、展品平均停留时长、拥挤程度、数字交互的观众参与度、满意度评分及价值感知等的评量成为可能。

理解评估和运营数据的质量局限

在项目学习成效及机构学习影响的纵向研究方面，有着较高质量的评估数据。这些评估大多是由资助者推动的，他们要求对项目是否达成目标进行独立评估。非正式科学教育促进中心（CAISE）拥有一个追踪非正式 STEM 学习成效的资料库。您可以访问 informalscience.org 网站，搜索诸如网络学习的相关研究。这些评估数据多聚焦于广义上的学习成效。

通过对个人用户的调查、分组座谈、访谈进行的评估研究有其局限性和偏差，其他数据收集方法亦是如此。社会价值专家杰夫·穆尔根罗列了所有方法存在的问题："许多社会价值评估本质上并不可靠。"（Mulgan，2010，40）对于陈述性偏好法及类似的数据采集方法与研究，他认为"陈述性偏好往往与实际行为无关"(41)。与受访者的直接接触通常意味着受访者和采访者/调查都带来了一些对结果产生微妙影响的变量：博物馆受访者想要表现得聪明、取悦他人，但他们也面临时间限制；评估者则需要在有限的时间内招募一定数量的受访者，并希望从客户那里得到更多。评估通常是基于样本来进行的，而非针对所有观众或参与者。这一样本是否具有代表性？采样日的不同会造成不同影响吗？评估结果可以泛化吗？上述这些问题及其他因素导致这类小数据并不像年度运营大数据那么便于泛化，后者是对整体观众的实际行为进行评量，而非他们所表达的观点。在定性评估方面，观众评估研究是非常强有力的方法。

除了评估研究，个别博物馆还开展市场研究，进行观众和参与者的满意度、推荐的可能性、参观动机、邮政编码等信息的采集。这类研究通常是保密的，因此您将很难从其他人的市场研究中得到想要的信息。在实践中，博物馆工作人员可以与同行互相交流学习，这也是成立同行博物馆网络的另一大益处。

显示性偏好法，即包括运营数据在内的数据采集方法，在穆尔根看来"鲜少有字段能有足够的可行数据"（Mulgan，2010，41）。虽然在博物馆行业仍有这样的现象，但博物馆运营数据已渐渐摆脱过去数据定义不一致及不透明的遗留问题，并日渐完善。尽管穆尔根对于社会评量资源表现出明显的反感，我们还是必须从我们现有的、最可信的数据入手，非常谨慎和谦逊地得出结论。

博物馆正朝着更加透明的方向发展。在美国，年收入超过5万美元（2015年）的501（c）（3）类博物馆必须提交IRS990表或990-EZ，公开其收入来源与支出，包括高薪数据。诸如Guidestar这类公司以可检索和访问的方式向社会公布其公共数据。许多大型博物馆在网站上发布其年度报告,有些则公开分享其财务审计报告。达拉斯艺术博物馆(Dallas Museum of Art)更进一步,公布了其选定的 KPI 供公众监督。博物馆不再是唯一能获取其评估数据的机构,资助者和利益相关方都可以使用公共数据来建构他们自己的 KPI。

我们拥有大型非营利组织的可靠财务数据,也拥有 DataArts 所提供的各个州内寻求资助的博物馆的深度资料。现在,我们还有了资金方面的优良数据——收入数据。

参与人数统计是可靠度仅次于财务数据的第二大运营数据来源,但在成为真正的可参照依据之前,它还有很长一段路要走。政治和各方斡旋使得参与数据的报告倾向于宣传目的,这无益于研究和规划目标。对于参与数据的统计,计数的准确性和定义的统一性同样重要。计数的准确性意味着数据的真实性、资料档案化、严格遵循报告标准,并透明地按财年报告统计数据。例如,ASTC 和附录 A 中将一次参观定义为一个人访问博物馆所在地(也称参观人次或实地参观)。如果观众购买了一张套票,有的科学中心会将 IMAX 和展厅的套票作为两次参观来统计。这样的重复计算使他们的参观量看似高于其他 ASTC 认证的同行。ASTC 既没有权力也没有资源来维持并强制执行同一套数据报告标准。然而,统计制度的改变可能会造成博物馆参观量的减少,这就要求对预期进行调整。公共资金补助有时会与原先的数据挂钩,这也需要重新协商。同时,定义的统一也可能会遇到阻力。

从积极的方面来看,全面统计博物馆参与情况应该会增加博物馆的总参与度。除了观众和项目参与者以外,资助者、基金会工作人员及捐赠者会议、志愿者轮班、顾问互动、董事会参与者、开幕式和媒体参观活动都是博物馆的幕后参与形式。

遗憾的是，关于个人、合作组织和支持者投入到博物馆工作（如董事会会议、实体咨询、博物馆品牌相关的馆外或虚拟活动）中的时长数据少之又少。

也许在不久之后，博物馆领域的更多部门将确定统计参观人数、停留时间及其他形式的博物馆参与的通用定义，这些数据也将像现在的收入数据那样具有稳健性。接着，我们便能记录和跟踪观众和社会在博物馆上投入的时间、金钱和精力的变化。博物馆协会可以在建立统一的统计定义和类型方面发挥积极作用。

博物馆行动理论与作为资源和工具的 MIIP 1.0 的使用

博物馆行动理论、MIIP 1.0 及其后续版本可从书前列出的访问链接免费获取。

MIIP 1.0 是一个交互式的 Excel 数据库，可按不同用途进行搜索和筛选：博物馆领导者可以根据其使命和目标来进行分类和优先级排序；筹资人可以通过筹资案例进行检索；评估人员可以找到现有数据的采集字段及相关跟踪记录和可比数据；研究人员可以从指标中总结规律；您也可以为您的博物馆找到所需的选项。

举例而言，某博物馆决定将扩大参与度作为其优先事项，它可以通过 MIIP 1.0 了解到许多如何实现和评估这一目标的想法。该博物馆可能会注意到与文化管理相关的指标数，并意识到扩大参与度需要从自身开始。它会发现许多扩大参与度的方式——免费入场、通用设计、语言、组织结构的多样性、学习风格、外展服务等,并根据指导原则和资源决定采取哪些方式和活动。一旦博物馆开始以自己的方式将行动理论应用于扩大参与度的实践中,它就可以从 MIIP 1.0 中筛选(或协同构建缺失的)可以反映其扩大参与度情况的指标。

获取 MIIP 1.0 和博物馆行动理论

MIIP 1.0 是由白橡木研究所①开发的数据库,与博物馆行动理论图表一同供所有人免费使用。若需下载相关资料,只需登录附录 F 所列网站,或搜索"MIIP 1.0""Museum Indicators of Impact and Performance"(博物馆影响力和绩效指标)即可。MIIP 数据库是只读模式,以使线上的原始版本保持完整,但您可以使用您的首字母来重命名并保存文件,并在脱机环境下根据自身需要进行调整。

本书的这一部分默认读者熟悉 Excel 数据库的使用特性。MIIP 1.0 是一个可供筛选的 Excel 数据库,包括了 1 025 项指标。这一绝对数据听起来让人有些望而却步。但是,如果点击每列顶部的下拉箭头打开筛选框,您可以选择参数来缩小搜索范围。如果有一些您偏好的指标未在 MIIP 1.0 中列出,您也可以根据自己的标注自行添加列(即数据字段)或行(即指标项)。

最有用的筛选字段可能包括:

- 潜在影响和效益类别(H 列)为每一项指标标记了 14 种潜在影响和效益类型中的一种。表 4.1 所罗列的类型是

---

① 笔者是白橡木研究所的首席执行官,这是一家非营利的博物馆研究机构。

以市场领域进行分类的：公共支持、私人支持、个人收入、机构运营及资本。这一筛选字段有助于将指标的内容聚焦于重要层面。使用附录 E 中工作表 4.1"影响力矩阵及 MIIP 类型"来决定预期影响相关的类别。

- 指标内容（I 列）是一个更为细致的筛选字段，有助于跟踪涉及多个影响力类型的方面，如"藏品"和"学习"。这 60 项内容主题在附录 C 表 C.2 中加以罗列。
- 指标步骤或类别（行动理论中的指标位置）（G 列）用于筛选要查找的步骤。在第五章中，当您列出一个潜在目标和预期影响清单时，可以通过"步骤 1 预期目标"和"步骤 7 感知效益"进行筛选。在第六章中，当您选取 KPI 来评量所选择的影响力时，可以通过"步骤 6 KPI"进行筛选，同时还可以检查步骤 3—5（"资源""活动""产出统计和评估研究"）中您可能希望用于新 KPI 的相关数据字段。

表 4.1 博物馆潜在影响的类型

公共领域影响		MIIP 指标数量
A	扩大参与度	85
B	保护遗产	47
C	强化社会资本	76
D	提高公众知识水平	43
E	服务教育	56
F	推动社会变革	40
G	传播公众认同与形象	27

(续表)

	MIIP 指标数量
私有领域影响	
H　助力经济	85
I　提供企业团体服务	9
个人影响	
J　促进个人成长	147
K　提供个人休憩	4
L　欢迎个人休闲	11
机构影响	
M　助益博物馆运营	308
N　构建博物馆资本	87
MIIP 1.0 数据库总指标数	1 025

来源：白橡木研究所

- 空白数据字段1—3（D—F列）可供自行添加标签，如您的选择、优先事项、内容组等。您可以按需添加空白字段，但在此之前需要关闭数据筛选下拉菜单功能。

表4.2　博物馆行动理论（逻辑模型版本）

公共领域需求	1. 预期目标		3. 资源	4. 博物馆活动			7a. 公共领域效益
私有领域需求		2. 指导原则			5. 运营及评估数据	6. 关键绩效指标	7b. 私有领域效益
个人需求							7c. 个人效益
机构需求							7d. 机构效益

需求　　　目标　　　　　　投入　　产出　　　　　　　　成效-影响

来源：白橡木研究所

MIIP 1.0 指标的初步筛选

即使经过筛选，仍有可能留下大量 MIIP 指标，可能多达数百个，数据库的庞大规模或许令人望而生畏。不要试图一气呵成地看完整张列表，更不用说代码了。

花点时间看看每一个预期影响的相关指标。忽略语法上的差异，而将重点聚焦于观念。可以趁此机会看看如何通过别人的智慧来实现您的预期目标。有些观点是大家耳熟能详的，但另一些则会给予您实现影响力的新的可能性，又或许能激发吸引新的博物馆观众、支持者及服务的想法。请带着问题富有创造力地选择指标："我们应如何调整和使用这项指标？"

无论整个列表多么丰富，都需要在发布之前进行彻底的删减。从本质上讲，这些步骤是一个对"潜在指标全表"加以编辑和删减的逐步选择的过程，从最开始的数百项到"最终筛选"的16—24 项指标，均是能够反映贵博物馆预期影响的、经过深思熟虑并被广泛接受的指标。

当您完成了某个预期影响的筛选，就可以在空白数据字段中将其标记为对应的预期影响。

寻找并标记相关的指标。为相关指标的内容组创建简短的标签，如"伙伴关系""运营文化"。

对每一个预期影响的相关指标进行审视，确定其中哪些与您的博物馆需要使用或解决的问题最接近。每个预期影响相关的内容组中，有哪些是优先或更为重要/相关的？是否还能删减、结合更多的内容组？

侧重大的概念，试着删减子概念。若想对指标进行组合，您可以添加新的一行，并使用 B 列来标记出处（您），最好能追溯到原始指标编号。删除所有复制信息及次一级的指标。

不断进行删减，直至您有了一个便于管控并能放心地与核心团队成员分享的指标数。这需要时间和耐心，但在这个过程中您会学到很多，并能集中精力进行思考。将初步筛选的指标复制粘贴到您将在第五、六章中设置的主要潜在目标和 KPI 数据库中。

开展具有包容性和透明度的筛选过程

如第五、六章所述，要成功地建立博物馆目标及 KPI 的选集，您需要让其他人参与到这一涉及所有利益相关者的共识构建过程中，并通过有限的资源顺利地完成。参与方通常包括：

- 博物馆治理层：指非营利博物馆董事会或受托人、大学博物馆校长或院系办公室、政府博物馆的公共资助机构。以上都是通过政策治理模型（Policy Governance Model）(Carver and Carver，2006) 来制定博物馆政策的最高权力的几类代表。
- 博物馆领导层：指博物馆的执行团队，通常是组织架构图的最顶层，或是博物馆管理者、主管、副馆长，均由博物馆工作人员的 CEO 或馆长领导。在规模较小的博物馆，会由部分董事会成员担任管理职务。
- 核心团队：指为博物馆管理构建一系列潜在目标及建议性 KPI 的协作团队。这一特别小组将定期开会、审查草案、提出建议并为关键选择和优先事项提供指导。核心团队应包括治理层和管理者，根据博物馆的规模可选定

4 至 12 人不等，涵盖财务、运营和评估部门负责人。较小规模博物馆选取相应人员即可。
- 项目负责人：指首席执行官、高级经理或经验丰富的供应商，他们将从事或委派相关工作，向核心团队提供草案，为会议提供帮助，直至撰写和编辑最终的"关键绩效评估方案"。在本书的第二部分，"您"代表的正是项目负责人。项目负责人应当熟悉数学和对定量数据、定性观点的分析。MIIP 1.0 是一个 Excel 数据库，该项目需要具备对该数据库进行排序、筛选和结果分析的能力。项目负责人或团队成员应能够在更广泛的范围内对类似的想法进行分类、采集和整合。

项目负责人应当是博物馆所选取的目标和 KPI 的忠实拥护者。要解决这些不可避免的突发问题，需要有一种自信的态度、领导的才能、委任的权力和创造力。

小　　结

"第二部分　实践"旨在帮助博物馆确定其目标、选定 KPI，并对影响力和绩效的变化进行评估。这一过程需要具备包容性，方能取得成功，值得领导层投入时间和精力。

这一部分有几个循序渐进的步骤，它们试图在简便与细致之间取得平衡。您可能会删减或增加一些步骤，这样的调整是必要的。无论是过程还是结果，都必须因馆制宜。

本书所采用的流程是利用 Excel 数据库，通过标记和分类排序对各种想法加以分析并逐步删减，但也有许多其他方法，如概念映射或是在墙面上贴满便签。

由于许多博物馆在其所处的市场环境下，有自由选择的商业模式来吸引观众和支持者自由支配的资金、精力和时间，加之许多博物馆服务于多元的观众、支持者和目标，因此，若不将选择归纳为几个重点群组，这一过程将会变得非常复杂。

请将 MIIP 1.0 作为博物馆潜在目标和 KPI 的提示器。在选择指标时，与 MIIP 保持一致颇为有用，但贵博物馆的优先目标需要通过新的或调整后的指标，来反映您的意图和热情、博物馆的资源以及与社区诉求的独特关联。

最后要指出的是，采用评估标准来为决策提供信息是一种文化的改变。这种变化可能是由捐助者和市场竞争造成的，但博物馆领导者和管理者可以与时俱进地利用这种方法：通过对其行动理论和预期影响的表述来思考博物馆宗旨；通过量身定制的指标集来考察变化并确认行动理论是否步入正轨，若没有，便进行修正。

本章参考文献

American Academy of Arts & Sciences. *Humanities Indicators*. February 2010. Accessed December 1, 2014. http://www.humanitiesindicators.org/content/document.aspx?i=108.

Carver, John, and Miriam Carver. *Reinventing Your Board: A Step-by-Step Guide to Implementing Policy Governance*. San Francisco: Jossey-Bass, 2006.

Cohen, Randy, and Roland J. Kushner. *National Arts Index:*

12-Year Span of 2001 - 12. 2014. Accessed December 1, 2014. http://www.americansforthearts.org/sites/default/files/pdf/informationservices_/art_index/2014-NAI-Full-Report.pdf.

Florida, Richard. *The Rise of the Creative Class: And How It's Transforming Work, Leisure, Community and Everyday Life*. New York: Basic, 2002.

Levy, Francesca. "America's Most Livable Cities." *Forbes*, April 29, 2010. Accessed December 1, 2014. http://www.forbes.com/2010/04/29/cities-livable-pittsburgh-lifestyle-real-estate-top-ten-jobs-crime-income.html.

Mulgan, Geoff. "Measuring Social Value." *Stanford Social Innovation Review* (Summer 2010). Accessed November 4, 2014. http://www.ssireview.org/pdf/2010su-feature_mulgan.pdf.

National Science Board. *Science and Engineering Indicators 2012*. Arlington, VA: National Science Foundation (NSB 12-01), 2012.

Saul, Jason. *Benchmarking for Nonprofits: How to Measure, Manage, and Improve Performance*. Saint Paul: Fieldstone Alliance, 2004.

Weil, Stephen. "A Success/Failure Matrix for Museums." *Museum News* (January/February 2005): 36-40.

第五章　以博物馆目标及影响为重

当前的观众和支持者如何从您的博物馆中获益？在了解了他们的需求之后，您的博物馆如何选择预期目标和影响，并将其按重要性排序？

本章将循序渐进地来解决这些问题，以确定您的博物馆的预期目标和影响的优先顺序。这个过程需要各方面的信息，包括社区需求和愿望、观众和支持者的选择、您近期的规划以及您从MIIP 1.0中获得的补充建议。

本章是介绍具体步骤的四章内容的第一章，整个过程从选择博物馆的预期目标和影响——博物馆的使命与宗旨开始。下一章将概述通过选择和评估您独特的关键绩效指标（KPI）面板来衡量目标的达成情况的流程。第五、六章将帮助您对近期的影响和绩效的变化进行评量。第七章会将您与同行博物馆的影响与绩效进行比较，第八章将您选择的指标整合到报告和博物馆数据面板中。

社区博物馆及其多元目标

在《博物馆管理与职能》杂志发表的《社区服务型博物

馆：坦诚我们的多元目标》（The Community Service Museum: Owning Up to Our Multiple Purposes）一文中，我做了如下总结：

> 当前的现实是，许多美国博物馆已经在以服务社区的方式运营，追求着多元的目标，并形成了各种成果……这自然是好事，我们也不必因此感到愧疚，而应更认真地研究我们的运营数据，然后创造性地发现博物馆与观众、支持者意图之间的共性。我们可以通过运营数据对影响力的变化加以考察，观察多个收入部门之间的比例变化来为规划提供信息，并保持博物馆对外部市场和经济的响应。（Jacobsen，2014）

本章基于这一结论，假定您的博物馆追寻着多元的目标，并为多元的观众和支持者提供多样的成果与影响。总而言之，这些主要的收入、精力和时间是您的关键服务市场。本书所提出的流程仍适用于单一目标的博物馆，但该流程可以满足多元目标的需求，并使多层级业务模型成为可能。

您是否仍将一些收入或观众归为"关键性使命"，而其他为"支持性使命"？这还是一个有用的分类吗？

也许是时候重新审视一下博物馆运营收入和参观数据的来源了，这些都是您博物馆的生命所系。情感、传统和风险交织其中，让这一举措具有政治性，并有引起分歧的可能。正如第三章所讨论的，收入、精力和时间都是反映感知价值的自由选择的交换。这些都是由博物馆在竞争激烈的经济环境中赢得的：众多可供选择的任务、项目和休闲活动在争夺您的观众和支持者。从战略上来看，每一项收入和参观数据都是部分观众或支持者利益的体现，但对此应慎重考虑：我们是否希望为这些受益者服务？我们是否对服务引以为傲？是否建立自己的品牌，并符合博物馆的指导原则？我们是否有不同层级的内容或学习成果？它对其他收入和利益相关者有客观的或积极的影响吗？

如果上述问题的答案都是肯定的，只有对"这是不是我们使命和核心业务的关键"的答案是否定的话，就需要考虑扩大对博物馆使命和核心业务的界定，再将收入数据及其资助者降为次级的"辅助"地位。

一种可行的方式是绕开使命问题，一针见血地对目标进行反思：我们向各个关键服务市场提供了什么样的个人或社会效益？我们是否希望持续提供这些效益？若是，我们如何才能更有目的、更为有效和高效地做到这一点？当夜幕降临，新英格兰水族馆（New England Aquarium，简称 NEAq）会在其 Simons IMAX® 3D 影院放映好莱坞热门影片。这类放映并非其"使命"所在，但却为波士顿城市沿海地区的夜晚带来了活力。如果 NEAq 有了更大的意愿提供这类服务，它是否能给市中心带来更多的价值？

玛丽希尔艺术博物馆（Maryhill Museum of Art）坐落于华盛顿州偏远的广袤土地上，它将一些土地租给了一家风力发电运营商，得到了约 25 万美元的年收入。这些收入是否应被视作捐赠收入，而不计入 MMA 实现的使命成果之中？或是否反映了博物馆决定推动诸如风力发电场之类的环保项目？将环保行动作为意向目标可能会提高该博物馆对其收益伙伴和社会的环境效益的效力、效率、资金量和质量。

罗彻斯特博物馆和科学中心（Rochester Museum and Science

Center，简称 RMSC）2008 年的使命宣言是：“激发公众对科学技术及其影响的兴趣和理解。"2011 年，一项以运营数据、资源评估和社区需求分析为依据的总体规划①阐明了三个优先目标：科学学习、社区凝聚和区域经济发展。② 这些现在都成了与规划目标相关联的预期目标。使命宣言仍然有效，最高优先级的目标是使命宗旨。然而，如今的管理和员工文化可以朝着多重目标迈进。例如，RMSC 馆内有许多空间可用于会议和接待，它可以举办与科学学习无关的婚礼、节庆、活动和社区庆典，而不会蒙受"有失使命"的批评。③ 这类活动将社区凝聚起来，更多地利用了博物馆资源，并推动了博物馆多元目标中的次级目标。

本章涉及的过程包括构建一个潜在指标的列表（本书构建的模型为 Excel 数据库），这些指标反映了您和博物馆管理层应在正式确定博物馆预期目标和影响前需要考虑的可能的目标、影响、感知效益和社区需求。博物馆先前的社区、观众和捐赠者研究、战略规划以及由 MIIP 1.0 的 1 025 项指标中提取的其他可能性建议构成了这个列表/数据库的基础。这一描述涵盖了一套完整的流程，您可能希望通过几个步骤进行简化。只要将焦点置于主要目标，这便是可以实现的：为了管理方面的考虑，构建一张潜在目标和预期影响的短清单，它代表了所有主要利益相关者的意见，吸取了其他博物馆专业人士的经验。

---

① 说明：笔者通过其公司——白橡木联合有限公司参与了这项工作。
② 这些主题涵盖了更详细的子目标和具体事项。
③ 每家博物馆都需要审查这些活动在其所属辖区内的税务影响，为某些次要目的而获得的收入可被认定为应纳税的部分。

本章的重点在于：（1）评估您的观众和支持者的感知效益；（2）对您的博物馆的预期目标和影响进行选择和重要性排序。

评估您的观众和支持者感知效益

本流程将为您的博物馆提供一份量化清单，其中包括按运营收入和博物馆参与度占比罗列的运营观众和支持者数据，其按关键服务市场类型进行统计。一座博物馆的财务报表体现了是谁在为博物馆的运营买单，运营收入和参观量细目是展开长期规划研究的良好切入点。

1. 以工作表5.1"运营收入比较"、工作表5.2"关键观众和支持者群体"为模板，分别构建Excel工作表。

2. 审阅博物馆近期的内部运营及财务报表，以了解博物馆年度运营收入的来源。需特别注意一年中可能影响运营的异常情况，如轰动一时的展览或博物馆新展厅的启用。记录至少近一年不包括主要异常情况在内的年度运营收入（"基准年"），通过标准定义，按其来源进行分类（见附录A）。博物馆年度收入的主要来源即是博物馆的关键服务市场，如观众、资助型基金会、企业成员等。

利用最近的财务审计报表来确定整个财年的运营收入，并将其与上一年或前几年的数据进行比较。其中不应包括诸如捐赠收入在内的资本资产的增值。在这项工作中，博物馆尝试确定和研究其年度活动所获取的外部运营收入。

3. 对于博物馆参与量的统计也是如此。大多数博物馆都会对每年博物馆参与中的观众参观数进行统计，有些会很好地记录项目参与者的数据，但尚没有博物馆对其全部参与情况进行跟踪和报告。采用公认的定义开展博物馆参与情况统计，计算馆内外所有的参与人数。您需要认识到，这只是博物馆年度参与情况的一部分。一次参与是指一次博物馆实地参观或参加博物馆开展的馆外项目或展览。先将重点放在实体参与上，之后再加入虚拟参与情况。

4. 如果有停留时间的记录，做法也一样。平均每个人在每项博物馆活动中耗费的时长是多少？哪些观众群体将大部分自由支配的时间花在博物馆并从中受益？目前没有足够多关于停留时间的数据，来将年度总时长作为具有意义的指标，因此，本书所构建的程序主要依赖于资金和精力的交换。

5. 在了解了不同服务市场所占收益和参与度的相对份额之后，就可以采用一个嵌入型分类框架来对社区及其观众、支持者进行思考和监测，理想情况下，这应与您的计数和会计系统、博物馆运营数据标准保持一致。该框架应包括所有通过博物馆参与来支持、互动和/或利用博物馆的群体。表 5.1 展现了适用于所有利益相关者的全景图。

表 5.1 社区及其观众和支持者

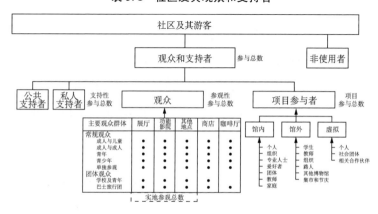

第五章 以博物馆目标及影响为重

除了那些参与博物馆活动的人，还有一些非用户也从博物馆获益。这些非用户将博物馆视为参观的选择、社区生活质量的助力者及他们所处时代遗产的管理者（Scott，2007）。

6. 将每个部分（观众、项目参与者、私人及公共支持者）的运营收入总数、参与度统计、停留时间（若有）导入Excel工作表，确保把财务审计报表中的数据累加在一起，以保证数据的一致性，或对差异进行标注。计算过去几年每个部分的年份额。

对年度数据进行注释来解释异常现象，并着手寻找更深层次的趋势。为标准化的运营收入和参与度构建一个基准年的数据图表，并根据通货膨胀和人口增长的情况进行调整。博物馆将以这些数字为基准，来设定引导改变的各项规划目标。其后，加上当前年度的数据（或预估预算）。

7. 量化收入来源的变化。一旦确定了每个关键服务市场为基准年和当年提供的年度收入和参与度份额，便可以对相应市场份额的变化进行比较。总收入和参与度是增加还是减少？市场份额是否有变化？哪一类市场有增长或缩减？为什么？

评估每个服务市场的相对波动。这是一个稳定的资金来源，还是一个需要持续关注的开创性领域？

8. 评估博物馆的受益者及其感知效益。当前博物馆活动的资助者和参与者是谁？为什么？他们认为他们所得到的什么东西是有价值的？对他们来说，这一成本是否值得他们继续这么做？

（1）按照相似利益和商业模型对与博物馆大部分运营收入和年度参与度相关的类型进行分组，如学校团体和企业赞助商。这些分组需要符合与当前收集的数据项一致的标准定义。

（2）采用定性和定量方法，对各关键服务市场从博物馆体验中所获的感知效益进行调查。需更加重视定性方法，尤其是公众分组座谈及对支持者、利益相关者和社区发言人代表的个人访谈。观众研究和项目评估或已开展，但活动策划者是否接受了调研？第一步可由博物馆开发部门与市场部门分别对吸引支持者和观众的方面进行报告。

9. 新建一个名为"感知效益"的 Word 文档，将援引的社区需求访谈［参见下一节的 2（2）］、分组座谈、SWOT 分析、评估结果及管理者意见导入其中，这些内容列举了社区及其观众、支持者目前已从或希望从博物馆获得的益处。将相似效益加以归类之后，用 2 至 3 个词对每类效益进行描述，并将所有描述复制到一个新的 Excel 工作表中，参见工作表 5.3"潜在目标和影响"。

10. 添加其他潜在感知效益指标，将 MIIP 1.0 步骤 7 作为基础，考察应纳入博物馆考虑但可能被遗漏的指标。

11. 现在，数据库需要包括一行关于效益描述的内容，将其标记为潜在效益。同时，对每一项的出处及观众或支持者类型加以标注。

12. 通过"私人支持者"或其他标签对数据库进行测试。是否有尚未标记的内容？过滤器是否集合了不同来源的效益？是否能返回到各就各位的初始顺序？

以上步骤确定了博物馆的主要服务市场及其希望获得的回报。博物馆规划可以侧重于更有效、更高效地为其提供更具价值的成果及影响。

选择并确定博物馆预期目标的优先顺序

1. 简化博物馆需求管理，以建立优先的预期目标和影响。对您的建议流程进行描述，并向管理层提供一张潜在目标和预期影响的短清单，供其选择和确定优先级。邀请核心团队成员为整个流程提供指导建议，参与讨论，并投身其中。获取包括资源许可在内的各项流程所需的批准。在此过程中，实时向管理层更新状况。

2. 反思博物馆最近的战略规划。

（1）以前期博物馆规划为基础，尊重并吸取博物馆近期规划工作的相关研究成果与思考。您需要一系列的目标和预期影响来开始这个过程，而博物馆的近期规划是最合适的切入点。博物馆战略总体规划通常包括使命、愿景、指导原则（即核心价值）、目标、战略、策略及时间表。您和您博物馆的管理层可能会在这一过程中对这些内容进行强化、更新和更改。更新这些内容以应对近期的变化。

（2）研究社区诉求和期望。社区领袖和发言人罗列了哪些社区需求？他们认为博物馆可以如何有助于提升价值？谁为此买单？这一过程可以像反思地区愿景文档或城市总体规划那么简单，也可以如这些文件中的多模式过程及对社区领袖和发言人访谈、人口和心理市场分析、非现场拦截调查及其他调研方法那么深入："该地区的需求和期望是什么？（受访者的）需求和期望是什么？我们的博物馆能为此做些什么？"

（3）突出与近期规划和社区需求相关的所有表述，如博物馆目标和期望这类短语。其中，应包括使命和愿景宣言，很有可能还有总结性目标（通常有3至8个总结性层面的目标，附具体信息）。此外，还包括激发博物馆影响的社区需求，如"博物馆改变了沿海地区"。宁可包罗万象，也不要担忧重复观点或过度追求细节。同时，应避免关于方法的具体规划，如扩建展厅。您所收集的重点应是10至30项博物馆以往的预期成果、意向目标及社区需求中最高层级的列表。

3. 添加其他潜在目标和预期影响指标，将MIIP 1.0作为基础来考察应纳入博物馆考虑但可能被遗漏的指标，将其标记为"预期目标：MIIP"或"预期影响：MIIP"。

4. 导入（1）社区需求及期望清单、（2）预期目标及影响、（3）在上一节中设置的观众及支持者感知效益，将三者整合为"潜在目标和影响"数据库。

（1）这些都是您潜在目标、预期影响和效益的指标。每一项都可以根据博物馆行动理论来确定其类型——它源自哪里、要做什么。将每一行都标记为博物馆行动理论七个步骤之一，即"目标、原则、资源、活动、数据、KPI及感知效益"（见第一章的定义）。在这一阶段，大部分都会归于目标及感知效益，但您可能会发现异常指标及步骤边界问题。请将异常指标标记为"???"。边界问题很有意思，因为其凸显了行动理论的连续性。诸如"使观众多样化"之类的目标，也可以彰显"我们尊重多样性"这样的指导原则。支持者对于其预期收益的表述可能听起来像是一个目标："博物馆应成为地区组织触及公众的门户。"

（2）作为博物馆活动的成果或结果，您的预期影响及它们的感知效益都体现在步骤7中。唯一的不同在于两者的视角：预期影响来自您，感知效益来自受众。影响可以是一种效益，也可能产生了，却未被感知为一种益处，支持者所获得的效益也可能并不是您所预期的。

5. 分析您最近的规划目标与观众及支持者的感知效益之间的一致性。通过您的最优判断，将相似的目标、预期影响及效益分为几个大组。例如，您可能会将"加深对地区历史的理解"作为目标，教师则看到了您"让其学生参与历史"的能力所带来的效益。这两者可以归为"历史教育"组。考察 MIIP 的 12 种外部影响类型（见表 2.1）来获取分组命名的思路。

（1）对您的数据库进行分类排序，将相似的影响归入内容分组中（如家庭学习、旅游、公民自豪感等）。考察每个分组中指标的类型。内容分组的来源是否有显著差异？诸如"社区认同"之类的内容分组，其目标和效益指标数是否一样？是否有一部分分组主要源自观众、支持者或是内部规划？是否有博物馆忽略但观众或支持者看重的效益？反之，是否有观众和支持者不认可的预期影响？收入和参与度数据反映了怎样的受益市场规模？在共同的目标和效益下，是否有代表各方的共同基础？

（2）起草一份供领导层思考的内部报告，拟定名称可以是"我们的目标与观众及支持者感知效益的一致性研究"。

6. 召集核心团队审阅草案并讨论其启示。现在还不是实践这些成果的时候，但这是一次检测的机会，以对优先事项进行调整、增加博物馆预期目标。

由核心团队决定进一步的方案，并扩大研究的范围。

7. 将博物馆可能服务的目标相关的内容分组进行整合，形成 8 至 12 个大类。

（1）现在您的数据库有了一个按类似内容分组的、较大的指标列表。每项内容分组下包括一定数量的指标，多与目标和效益相关。

（2）重新审视主要服务市场在收入与参与度中的相对份额。哪些内容分组对博物馆最有价值？对内容分组与收入及参与度之间的关系进行标记。

（3）当您了解了社区及其观众和支持者所看重的、从博物馆获得的价值后，就可以对目标的有益性和适合度进行判断，对意在实现这些收入的目标进行逆向解析，并将其纳入博物馆潜在目标。

（4）这一步骤激活了行动理论的反向和双向维度，即社区正通过交换资金和精力来塑造博物馆的目标。

8．召集核心团队对内容分组的短清单进行审核，并通过头脑风暴，形成总结性目标宣言可能的表述及每项内容分组的预期影响。会议的成果应是一张包括 8 项左右潜在目标和预期影响的短清单，可参考工作表"潜在目标及影响——短清单"。

9．细化博物馆的潜在目标和预期影响。

（1）对短清单中每项内容分组的指标按下述格式进行转述和整合：意向目标及其预期影响描述博物馆如何利用其资源，实现对哪些观众和支持者的预期影响的行动理论。这一表述阐述了原因、内容、方式及对象，可参照工作表"行动理论基本原理"。

（2）在"潜在目标和影响"报告草稿中对这些内容加以总结。解释每一个潜在目标背后的来源及基本原理。对每一项目标的陈述应当客观公正，便于管理层对相对重要性进行判断。

（3）与核心团队完成草案，并供领导层传阅。

10．确定博物馆目标和影响的优先级。您可以通过促进研讨会（如董事会会议）召集领导层来解决博物馆最重要的问题："我们的主要目标是什么？我们想要实现什么？"可以从短清单中的潜在目标和影响出发，管理层应结合或选择博物馆最重要的 2 至 5 个预期目标并分配优先级百分比，总计 100％。

在领导层权衡选择时，需了解收入和参观量分析：哪些目标与哪些观众和支持者的资助和参与度有关？

11. 将博物馆的优先目标和影响正式化，并进行流转和更新。

（1）将研讨会成果总结成文，形成博物馆"意向目标和预期影响"。

（2）向管理层呈交文件、背景，建议正式采纳团队讨论的结果及其过程。

（3）当得到正式批复，应在工作人员和供应商之间流转该文件，进而举行小组讨论和规划会议。

12. 定期审议和更新博物馆的优先目标及预期影响。

本章参考文献

Jacobsen, John. "The Community Service Museum: Owning up to Our Multiple Missions." *Museum Management and Curatorship* 29, no. 1 (2014): 1-18.

Scott, Carol. "Advocating the Value of Museums." *INTERCOM*. August 2007. Accessed November 4, 2014. http://www.intercom.museum/documents/CarolScott.pdf.

第六章　确定博物馆绩效评估指标

管理层如何选择指标来衡量影响力与绩效？博物馆如何定期检验其指标的有效性？

在这一章中，您将基于上一章的成果，以博物馆预期目标（IP）与影响为优先项，来选择、记录、测试和监测您的关键绩效指标（KPI）。您的目标是为博物馆完成预期目标的绩效（效力和/或效率）找到有意义的指标。利用博物馆行动理论的中间步骤将有助于您找到博物馆绩效的评估指标。

行动理论假设您的博物馆通过使用其资源来开展活动，从而吸引观众和支持者投入时间、金钱和精力，以换取其感知效益和博物馆预期影响，并借此实现意向目标。KPI通过这些投入与回报的年度统计、使用资源量、活动数量、评估结果、市场人口统计和其他数据字段的计算来反映博物馆实现预期影响的绩效变化。

这些指标和方法本身并不是影响。仅靠评量是不够的，除了完善的评估，博物馆还必须有实际的有益影响。因此，博物馆需要不时地采用其他方法来检验预期影响是否产生、指标是否有效。这种对于大数据和小数据、运营数据和评估研究、定量和定性数据的结合，用一句行话来说就是：不断评估，定期验证。

您可以按照本章的流程逐步确定关键绩效指标、收集 KPI 数据并分析结果。表 6.1 是将 KPI 嵌入 IP♯1 对应的预期影响并开展定期评估的框架。我们可以举一反三地对 IP♯2 至♯n 进行推演。附录 E 的工作表 6.1.1 "KPI 框架"是中型城市博物馆样本的示例。此外，每个 KPI 有两个及以上的数据字段。

表 6.1 关键绩效指标（KPI）框架

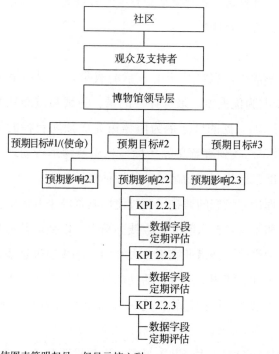

注：为使图表简明起见，仅显示核心列。

在逻辑上，KPI 流程应是在上一章预期目标流程之后完成的，但事实上两者涉及的主要人员一致，可以同步完成（相互错峰）。这一流程的体量如下：仅 1 至 2 项目标的小型博物馆，馆长及董事会能够在一两次会议期间就完成所有这些工作。

附录 D 中提供了 KPI、公式和工作表模板的示例。这些样例都基于斯蒂芬·E. 韦尔的基本理论——博物馆的价值在于其成就，以及在本书中界定、附录 A 中收集的相关定义和概念。

确定您的 KPI

您会发现确定 KPI 的步骤与第五章选择影响指标时采取的步骤类似，但也有重要的区别：

- KPI 涉及数据和计算，而目标和影响主要为定性词汇和一系列观点。
- 本章聚焦于行动理论中间步骤的指标：资源、活动、产出和评估数据、KPI（步骤 3—6）。前三项为数据字段（如展厅空间的平方英尺数、提供项目的数量、续签会员数），最后一项使用上述及其他数据字段来计算 KPI。
- 第五章从博物馆规划和研究入手，再对 MIIP 1.0 中缺漏的部分加以补充。本章从 MIIP 1.0 着手，这是因为 MIIP 1.0 的指标涵盖了最为标准、可用并经实践检验的数据定义。随后，您将创建或新增数据字段来填补空缺。
- 界定有意义且可行的 KPI 定义需要经过讨论与创新。对博物馆 KPI 的确定决定了您想以什么方式来对博物馆绩效进行评估。该项工作事关重大，所有利益相关者都应参与到博物馆 KPI 选取原则及潜在数据来源的构建和理解之中。

要选择 KPI，首先需要确定一个潜在 KPI 的初步清单，然后通过一系列筛选对其进行微调。最后一轮讨论需有管理层参与其中。请按照下述步骤中适合您的方式为博物馆预期目标（IP）和影响设定 KPI：

1. 为管理层简要说明博物馆构建和评估优先关键绩效指标的必要性，这是以前文所述经过管理层审批的优先预期目标为基础的。描述您建议的流程，并向他们提供建议性关键绩效指标。邀请核心团队成员为整个流程提供指导建议，参与讨论，并投身其中。获取包括资源许可在内的各项流程所需的批准。在此过程中，实时向管理层更新状况。

本步骤与最后并行的管理层流程是可选项。您可能希望逐步增加 KPI，当大量 KPI 得以有效应用后，再正式为其编号。

2. 对 MIIP 1.0 数据库进行筛选，并将初步列表粘贴至 Excel 工作表中，参见工作表"潜在 KPI 主表"。

（1）在 MIIP 1.0 的下拉菜单中选择潜在 KPI（步骤 6a、6b）。用您在工作表"影响力矩阵及 MIIP 类型"中构建的筛选条件选择与您的预期目标#1 最相关的影响类型。您会发现步骤 1、6b、7 非常有用。

（2）若"艺术""科学""苏格兰"或"STEM"等字段出现，但却与您的博物馆无关的话，试着用您博物馆的相关学科和背景进行检索和替换。

（3）若列表过于庞大无法精简，那么可以对明显没有争议的指标进行粗略的编辑。

（4）在数据库中至少添加以下列："预期影响"和"选集"。

① 为每项待选 KPI 添加与其相关的博物馆预期影响的名称。

② 删除无匹配项的 KPI。

③ 为在 MIIP 中无匹配 KPI 的预期影响添加空白行。

④ 在剩余行的选集列输入"第一轮筛选"。

（5）在核心团队中传阅第一轮筛选的潜在 KPI 主表。

（6）对预期目标♯2 至♯n 进行同样的操作。

3. 召集核心团队讨论如何根据潜在 KPI 主表提供的信息，评估预期目标♯1 至♯n 每一项对应的预期影响的绩效及影响的变化。

（1）就考察预期目标所带来影响的方法进行头脑风暴：如果我们成功地实现了目标♯1，谁或什么会变得不同？重新回顾您在第五章中构建的实现预期影响的行动理论。

（2）对每一项您认为是理想结果或影响的改变进行反思："我们怎么知道已经发生了变化？""发生的变化说明了什么？"以及"我们是造成这种变化的原因吗？"如果您博物馆的目标之一是改善社区生活质量，预期影响是使社区连接并利用其公共资源，那么一项由社区会员数除以会员总数的 KPI 或许能用来考察社区连接和利用情况的变化。将这一数据与评估结果相结合以探究变化的原因，并通过调查和分组讨论来了解满意度的变化及参观博物馆的原因。

（3）对一段时间内观察和评估每项预期影响的指标的方法进行讨论。有些评量可能只是对相关性的探索，有些则可能是由博物馆活动引发的。

（4）重新审视 MIIP 的 KPI（选集类型为"第一轮筛选"的指标）以确认团队是否同意对其进行进一步删减以便于管理。

（5）在潜在 KPI 主表新建行中添加核心团队建议的预期变化的理想指标，并在来源列标注"核心团队：建议的理想型"。将保留部分及新的指标编目为"第二轮筛选"。把其余部分删除或归档。

（6）讨论会的成果应是一个更集中的潜在指标清单，这些指标大致出自两个来源：MIIP 1.0 的建议指标和核心团队提出的理想指标。这便是潜在 KPI 主表的第二轮筛选版本。

4. 分析潜在 KPI 主表（第二轮筛选）的可操作性和数据采集方法：计算每项 KPI 所需的数据字段是什么？我们能否获得这些数据？

（1）添加新的列，按数据可用性对每项 KPI 进行分类（标记），可采用以下或您自己的相应标签：①现有数据字段；②临时数据字段；③理想数据字段；④混合数据字段。

① 现有数据字段是您已经收集的数据字段。理想状态下，您的同行也已使用它们多年。其中最稳定、最广为人知的可能是博物馆参观记录和财务审计数据。

② 临时数据字段是实验性数据收集字段。博物馆或许有能力收集这些数据，其结果也可能是有意义的，但您需要不断对其进行测试和完善。其中有些数据字段可能是由其他博物馆收集的，但在您的博物馆尚未应用；有些可能尚未通过这种方式被统计、收集或分析；还有些会被作为暂时性的数据字段，直至更有意义的评量方式被开发出来。

例如，实地参观只是博物馆年度实体参与的一个组成部分，还包括外展、项目参与者、志愿者轮班，甚至会议出席率。许多其他形式的参与在协会数据库中往往没有被系统地统计或报告。有些博物馆将这些类型的参与计入参观量，但缺失数据类型等信息。博物馆还需要思考如何统计虚拟参与、社交媒体和其他数字化的参与。就目前而言，博物馆可以先聚焦实地参观，随后再补充数字和虚拟参与情况。实地参观人数已被众多博物馆很好地记录和报告，因此是一项有用的数据字段。然而，它并不等同于博物馆总参与度，而只是组成这个数据的一部分。因此，年度参观量只能被视作年度参与量临时性、局部性的指标，直至所有参与情况都被全面统计并定期报告。

③ 理想数据字段是那些还没人知道如何进行评估的数据字段，例如博物馆更为无形的效益或改变游戏规则带来的独特成果（如启发了一位诺贝尔奖得主）。这类数据字段某种程度上是对评估专业人员的挑战，假以时日，它将逐步向临时数据字段发展，最终成为现有数据字段。然而，有些影响仍无法量化，这也提醒着我们，博物馆的整体贡献永远无法被衡量。

（2）将视线回归到MIIP 1.0来审视资源、活动、运营和评估数据（步骤3—5），找出那些可供创建新KPI的数据字段来弥补预选KPI中未能涵盖的预期影响。将这些数据字段导入数据库并进行标记。

（3）根据数据的可用性对IP♯1经第二轮筛选的KPI进行分类排序，使得最易获取、最广泛应用的KPI位于列表顶部，而最难评量的则位于表末。

（4）思考核心团队理想指标与MIIP 1.0筛选的建议指标之间可能存在的联系。理想指标想要达成什么目标？什么样的评量标准能符合要求或起到部分作用，哪怕是作为临时指标或理想指标？看看那些最有效和广为使用的指标能否帮助您确认自己是否实现预期目标。

（5）尽可能自行精简预选KPI，并将其标注为"第三轮筛选"。

（6）一些空缺的存在无可避免——有些预期影响上没有足够强有力的 KPI 与之匹配。罗列一张空缺清单。

5. 召集核心团队审阅和修订"第三轮筛选"列表，并讨论关于空缺清单的可行解决方案。鼓励新建一些对于现有资源、活动及产出数据比例有意义的 KPI（博物馆行动理论的步骤 3、4、5）。例如，跨年度比较参与者与教师专业发展工作坊容量比例的 KPI 是反映"服务 K-12 体系"等预期目标的一个方面，高容量比会是影响力可能增长的一项指标。此 KPI 采用了以下数据字段：基准年服务教师人数、当前年服务教师人数、最大容量（项目空间大小×平均坐席容量×时间段的最大值）。会议的结果应是在清单中添加核心团队提出的可能的解决方案。减少空缺清单项目，以反映那些空缺已由可能的解决方案填补。

6. 对现在已经颇为熟悉的"第三轮筛选"列表进行研究。在这个环节，什么是重要的？哪些指标是可评量且有意义的？哪些是同行公认的？让我们再回到起点：如何评估您实现预期目标♯1 的绩效？"第三轮筛选"中的哪些指标可能奏效？还有什么不足之处？将其中最优的指标加以整合，使每个预期影响有 4 个左右对应的预选 KPI，并将其标记为"第四轮筛选"。

7. 与现有研究和数据收集标准保持一致。当您的优先预期目标及其 KPI 在草拟阶段时，就需要在现有和潜在数据来源中寻找可靠的数据定义，如数据收集调查（MIIP 1.0 指标♯1—♯209 及附录 B 罗列的其他来源）。为 KPI 润色目标表述、定义数据字段的过程会要求您对理想做一些妥协，但也意味着更多现实选择的产生，可以与同行步调一致并付诸社区实践。

回溯第四轮筛选中 MIIP 1.0 相关指标的原始来源（见附录 B），获取完整和最新的语言体系，以便与其他标准保持一致。

8. 草拟一份名为"预选关键绩效指标（第四轮筛选）"的简要文件，包括以下几部分内容：

（1）初拟关键绩效指标总述：按预期目标和影响罗列；按数据可用性罗列；按实施阶段罗列。

（2）初拟关键绩效指标之间的关系：它们是否提供了多元视角？它们的结论是一致的还是相悖的？它们中的一些是否比其他的更全面或更有意义？

（3）实施：数据收集和报告程序要如何组织和管理？实施计划如何（时间表、范围及职责）？是否有阶段性（如从一部分指标入手，当其顺利运行后逐步增加更多指标）？

（4）降低风险：机构对于这些评估的重视是否会带来其他结果？是否会有一些预期影响因未被统计在内而无法达成？我们要如何检测和降低这些风险？

（5）由管理层和核心团队开展后续工作。

9. 由核心团队审查草案。吸收他们的修订和建议，并按需重审更多必要的草案。

再次确认每项预期定义的数据都能被收集。（注：核心团队需包括熟悉博物馆评估和运营数据的管理者。）

10. 将修订后的"预选关键绩效指标"提交给管理层（注：核心团队可以是一个临时管理委员会）。召开管理研讨会供其确定预选 KPI 的优先级，形成最终的选择。研讨会的成果将是一份关于被采纳的 KPI 选项及优先级的建议。

（1）将 KPI 及其优先级总结到表格中，参见工作表"优先

KPI"。

（2）新建一个 Excel 工作表以跟踪归入您 KPI 的数据字段，参见工作表"数据字段"。

11. 经管理层批准后，将更新后的政策文件"博物馆关键绩效指标"进行流转并付诸实践。

收集并分析同比 KPI

一旦确定了 KPI，就可以对数据进行收集并填入 KPI 公式，再采用本节介绍的步骤和数据收集方法来分析结果。

12. 建立一个"数据输入日志"（或在工作表"数据字段"中增加列），为 KPI 对应的每个数据采集字段建立独立的记录/行。每个数据字段须有以下几列：①数据源；②基准年；③当前年；④变化指数。

13. 输入基准年的数据。

14. 在数据输入日志中输入当前年（或第一年）的数据，此列数据与基准年相邻。通过用当前年除以基准年的数值来计算变化指数。

15. 在名为"KPI 计算"的新工作表中按预期目标和影响罗列 KPI，一项 KPI 为一行。

16. 输入 KPI 的计算公式，该公式与数据输入日志中的数据字段相关联。参见附录 D 中表 D.2 的 KPI 公式示例。

17. 检验并修正 KPI 公式：结果是否直观？原始数据是否足够强有力地支撑这项 KPI？计算是否正确？

18. 记录所有 KPI 的数值，需注意异常值和临时性数据。

19. 查看结果：它们是否能说明问题？是否有需要解释或简化的环节？结果是否在某种程度上具有误导性？是否需要考虑通货膨胀和人口增长的因素？通过什么方法可以改善结果？这些举措是否真的有助于改善，还是只是数字游戏？是否需要委托开展评估研究？

20. 向博物馆领导层提供同比 KPI 数据，为规划和目标设定提供依据。

21. 就数据记录和计算过程中出现的 KPI 对原指标清单提出修改建议。博物馆的关键绩效指标应与时俱进，以满足新的预期影响和优先事项，并提高所选指标的价值和准确性。

至此，您已经为您的每项预期目标和影响选定了 KPI。其后，您可以收集基准年和当前年的数据，计算这两年的 KPI，分析您的同比绩效。总体而言，这些 KPI 的变化反映了您博物馆影响力和绩效的变化。

在下一章中，您将与同行博物馆构建起一个网络并共享运营数据库。您将通过与本章类似的流程将您的 KPI 与同行进行比较。

第七章　与同行博物馆的比较

博物馆如何将自己的绩效与类似境况下的同行博物馆进行比较？

具有相似使命、商业模式、资源和背景的博物馆可以就其相对绩效进行比较。美国博物馆行业一直致力于通过协会等形式来开展此类工作。AAM、AAMD、ACM、ASTC 和其他博物馆协会收集相关运营数据，并与其成员共享，便于他们进行规划和推广。

将博物馆的 KPI 与同行博物馆进行比较是一项信息量颇大的工作，有助于博物馆领导层了解博物馆在哪些方面脱颖而出，又有哪些增长点或提升效率的潜力。当同行之间对于博物馆独特定义的认识更为接近，而样本容量更为广泛时，将博物馆的评量标准与同行博物馆平均水平加以比较就变得更为重要。大型户外生态博物馆，如普利茅斯种植园（Plimoth Plantation）、康纳草原（Connor Prairie）、老塞勒姆村（Old Salem Village）具有诸多共同点，可以互相学习借鉴，但如此大规模的美国户外生态博物馆非常之少且大不相同，其运营数据的平均值很难具有统计意义。

相较而言，儿童博物馆是一个一致性更高、数量更众的样本。2012 年，ACM 成员包括了 270 家开放博物馆以及近 70 家新兴博物馆。由于众多成员响应了对上一年度数据的调查，ACM 的成员得以筛选与自身博物馆定义更接近的较小样本。一座拥有 45 万人口市场、7.5 万平方英尺规模的儿童博物馆或许会按其市场和规模来确定其同行——拥有 35 万至 55 万人口市场、6.5 万至 8.5 万平方英尺规模的其他儿童博物馆。ACM 基准计算器让博物馆领导层得以通过一系列主要特征来界定和筛选可比较的样本或同行博物馆。

同行博物馆

同行博物馆是指：
- 在博物馆领域中有着相同类型、学科或部门，如以藏品为基础的艺术类博物馆、历史建筑类博物馆或市政动物园。
- 基于相似的商业模式：这类同行博物馆有着相似的收入来源，可以通过考察其收入-支持性经费的份额、公共或私人基金资助的相应占比来大致进行估算。免费开放的政府或大学博物馆与依赖门票收入的博物馆并不能称为同行博物馆。
- 具有类似的运营资源：博物馆的运营数据由其物理资源（场地、设施、藏品和展品）、人力资源及捐赠资源组成。理想情况下，有意义的可比对象应具有大致相同的构成、建筑规模、人员规模、年度预算和/或资本资产。
- 处于尽可能相似的环境之中：可类比的博物馆应坐落于同等规模的城市、社区或市场，最好有着相同的气候情况，以及类似的家庭可支配收入及教育水平（博物馆参观量的两大关键指标）。相似的治理和管理方式也是必要的：大学、政府及非营利机构的使命不尽相同。地理位置也是一大因素：城市还是郊区？是独立建筑还是租建在综合体中？沿海还是中心区域？

当足够多的博物馆都符合这些筛选条件，它们便能形成一个能够进行有效比较的同行博物馆群，并就特定 KPI 的相对绩效情况加以评估。这类数据的比较对博物馆领域的多个方面都有所裨益，可为管理、评估和推广相关工作提供指导。

当我们根据同行的样本得出了一些基本假设或规则，便能对他们的绩效进行比较：

- 样本将包括相同类型，具有类似商业模式、资源和环境的同行博物馆，需注明异常情况。您的博物馆也包括在同行博物馆样本中，当按人口、预算或规模排序时，您的博物馆应处于样本的中游水平。
- 您和同行博物馆应对所有进行比较的数据字段采用同样的数据定义，最好是基于同一年或最多相差一年的数据。
- 博物馆加入相关数据共享体系，尤其是由博物馆协会、政府（美国的 IMLS 和 IRS）及 DataArts（美国的部分州）运营的系统。
- 有足够多的同行提供了相关数据字段的报告，形成了有意义的样本。

与同行博物馆比较 KPI

在这一过程中，您将与同行就所选择的影响及绩效领域进行比较。找到您优于标准及需要改进之处。您的博物馆有经验可以传授，同时也有一些需要学习的地方。在同行博物馆之间建立积极协作的关系是大势所趋。如果您们面向的是不同的市场，那您们之间的关系不是竞争，而是互相帮助。理论上，随着经年累月的集体利益的累积，以及博物馆目标和资源变化造成的同行博物馆间会员的拓展和转会，您与同行之间将有诸多可以分享的事项。

被称为欣赏式探询的管理方法从积极的方面开始这种比较，更多地询问哪些方面进展顺利、如何将其最大化，而不是采用赤字调查模型来考察哪些地方做得不好，并着力解决问题。

1. 选择现有的或新建一个博物馆数据库，该数据库具有同行博物馆运营数据的一致来源。考察博物馆协会现有的数据库可以发现，在美国，有些数据库按博物馆门类（艺术、组织、儿童等）来构建，有些则是面向全行业的（IMLS、DataArts、AAM）。由于报告周期、数据定义和诠释各不相同，在综合不同协会提供的数据时要格外谨慎。地区博物馆协会及政府文化机构也收集了博物馆相关数据。

（1）您希望通过所选定的数据库来：①让您能获取足够多的其他同行博物馆的数据进行有效比较；②为所有参与其中的博物馆（包括您的博物馆）构建和应用一套共同的数据定义；③对核心数据集合和表格加以利用（并减轻博物馆自行创建此类表格的压力）；④供您对数据库进行筛选（或导入 Excel 工作表），以确定最具可比性的博物馆。

（2）您的博物馆应加入此数据库，定期根据其定义要求提交您的相关数据。如非需要修正之处，您应如实使用您的博物馆在选定数据库中所反映的数据。例如，不要用当前数据来替换参观人数，因为所有同行也可能进行更改。

（3）有些协会调查的数据有限，您需要请同行博物馆共享额外的数据，相应地，您也要对您所收集和分析的数据进行共享。

（4）如果尚无同类博物馆数据库，则可以创建自己的同行网络。若您已经知道有哪些同行博物馆，只要在不同城市、相似环境下的同行间创建一个数据共享网络即可。已有众多此类临时性数据共享网络建立，但却难以实施和维护。若您有一个具有活力的关联数据库可以使用，就已经一马当先了。倘若有一些同行未被纳入其中，邀请他们加入并提交其博物馆数据。

（5）您可能需要在某些数据节点跟进各个博物馆的情况，以确保其采用了相同的数据定义，或对那些看起来不那么准确的数据加以说明。

2. 确定高质量社区和其他外部数据来源的标准，如都市人口、社区多样性和家庭收入。

3. 设定能够涵盖您博物馆数据的参数。通过参数条件对数据库进行筛选，确定同行博物馆的第一轮筛选名单：博物馆类型、商业模式（类似的收入-支持经费比重）、市场人口（背景）及博物馆规模和资源（体量或年度支出预算）。

（1）将您的商业模式、人口和规模的数据上下浮动20%作为设定范围。考察在此范围内类似博物馆的样本量有多大，进一步调整参数，直至找到最合适的样本大小和相似度之间的平衡。

（2）此步骤确定了您第一轮筛选的同行博物馆名单。由于有些可能会在下一步被删减，因此该名单中包括您在内应至少有10至15家博物馆，且按参数进行排序时，您的博物馆应处于列表的中游。

4. 查看名单上的博物馆（若有名称）。您认为它们是同行博物馆吗？若数据是匿名的，则可以查找在数据搜索环节从其他数据群中删除的非相关值。浏览它们的网站、导览地图和年度报告。您们所在的城市是否相似？样本中的博物馆是否与您的博物馆相像？

（1）查找异常情况。两座博物馆可能乍一看很相似，但若一座有藏品，另一座没有，它们就会有很多其他的差异：它们尝试为不同的观众和支持者提供不同的服务。

（2）然而，有异常指标不代表不符合同行博物馆标准。没有一座博物馆会与您的完全相同，我们的目标是形成一个由 4 至 8 个（基本）相似的博物馆组成的同行网络，然后了解它们之间的差异及可能反映在数据上的状况。您的同行博物馆中是否有能耗低于您的场馆的绿色建筑单位？是否有博物馆由政府机构支付公用事业费？

5. 创建其他类型的博物馆群组以进行其他类型的比较：如果您的博物馆正考虑进行一场重大变革，那么您可能想要有第二组博物馆样本，它们有您想要成为的博物馆的样子。或许您正在考虑扩建——如此规模的博物馆会是什么样子？其运营的收入和支出如何？

（1）样本的广度有正面作用，因为同等设施规模和构成的博物馆的运营开支具有可比性，哪怕其类型和所处环境不尽相同。

（2）地方博物馆网络对于一些类型的比较也颇有助益，尽管博物馆类型并不一样。一座城市中的博物馆都要应对同样的气候和经济环境。

（3）将您的博物馆置于所有同类博物馆（未经筛选）的大背景之下进行考察，这有助于董事会成员和其他人来调整预期并探索潜在增长的可能。

（4）特定的 KPI 可能需要独立的同类群组。例如，拥有巨幕影院（如 IMAX®）的博物馆的平均票价（ATP）往往高于那些没有巨幕的博物馆；两家科学中心可能在规模和市场方面类似，但如果只有其中一家有 IMAX®，那么它们的 ATP 便没有可比性。

6. 在核心团队及其他了解类似博物馆的人员中传阅同行博物馆名单草案。经过修订、新增、采纳后，记录同行博物馆名单。

7. 将选定数据库中已有的同行博物馆数据导入 Excel 工作表进行分析，参见附录 E 工作表"同行博物馆数据"。确定您采用的哪些数据收集字段在同行博物馆中也被应用和报告。有多少 KPI 可以进行比较？您能否调整 KPI 使其更具可比性？从同行博物馆中汲取您需要但遗漏了的数据字段。

根据需要导入同行博物馆所在地的外部数据。这些数据字段可能包括其市场人口、家庭收入、教育水平、学校入学率等。

8. 让同行博物馆参与进来：设立联络人机制，让对方知道您正对出现在您选定数据库的他们的数据进行分析。邀请他们对数据进行审核和确认，并提供数据库相同字段中缺失的数据。您也应当同意将您的对照表发送给他们。其结果应是实现博物馆故事和有益实践的数据共享和社会联系。无论您最终如何定义，博物馆的同行数据共享网络应当成为工作人员的同行专业网络。

9. 计算每个同行博物馆的 KPI：按您所选的 KPI 来计算其

数据，并得出样本的中位数和平均值，这一过程需要排除在特定KPI字段有数据空缺的博物馆。参见工作表"同行博物馆KPI分析"。例如，服务中小学学前教育（pre-K-12）是一项优先目标，而您的一项KPI是学童对都市人口的比例，对此，计算同行博物馆同一KPI数值，排除不适用"都市人口"的场馆，例如在以中心城市博物馆为主的样本中，应排除农村博物馆这一类型。

10. 计算各个独立的KPI，并求平均数。不要对整个样本数据点的总数求平均，再用总数来计算KPI。您希望将自己的绩效与某一单体博物馆进行比较，而不是一个虚构的博物馆整合体。

11. 确定样本的中位数和平均值：中位数和平均值的用处不同。就目前而言，它们应被用于确定范围。

（1）中位数是指处于其上和下的博物馆数量相等，而平均数是样本总值除以样本数所得。根据KPI的不同，两者有不同的用途。以家庭收入为例，中位数通常是一个较好的反映消费能力的指标，因为少数非常富裕的家庭会提高平均值。

（2）为了能在数理意义上将您的KPI与同行博物馆进行比较，样本不应包括您的博物馆。

（3）为了用图示或图表来反映您博物馆的状况，样本必须包括您的博物馆，通常以不同颜色或图形表示。

（4）您可能还希望将自己收集的数据与较大的博物馆群组（如所有自然历史博物馆）的平均值和中位数进行比较。

12. 注意数据的聚集和离散程度，并了解样本容量的统计学意义：根据经验，较大的样本在统计学上更具代表性，但如果数据点紧密聚集在平均值和中位数周围，那么较小的样本仍然具有统计意义。这一步骤旨在了解聚合数据的可靠性和意义所在。

13. 比较关键绩效指标：以工作表"同行博物馆 KPI 分析"末行为模板，将同行博物馆平均值与您当前的 KPI 进行比较，确认您处在样本范围之内或之外——在样本范围内为"正常"，在样本范围之外则说明需要进一步调查。您的 KPI 与同行 KPI 平均值或中位数之间的数学关系是您博物馆的同行绩效指数（peer performance index，简称 PPI）。对每项指标而言，如果博物馆在此项 KPI 的绩效接近平均值或中位数，则绩效指数接近1.0；高于平均值或中位数，绩效指数大于 1.0；反之，则小于 1.0。

不要期望这一过程会产生明确的统计差异。样本容量通常较小，或者随着容量的变大，样本之间的差异也增大。有些数据来源并不完善，定义和方法也可能有所不同。这个过程或许会让您得出"我们似乎在服务 K-12 这方面做得比同行的平均水平要高"的结论，但您无法具体地说"我们在服务 K-12 方面比同行平均水平高出 22.3%"，哪怕这可能是计算得出的结果。进行计算的目的只是考察差异的大致比例。

14. 研究并分析为何您的博物馆绩效在同行基准之外。您可能在博物馆增长或其他领域的投入中大有斩获。同行绩效指数可为机构战略规划的制订提供依据。

15. 研究同行的最佳实践，并将经验教训纳入规划和实践：与样本中的最佳实践博物馆进行沟通并实地探访。找到他们高绩效的原因及做法。根据博物馆的实际情况将这些经验加以应用，并在实施变革时将最佳实践博物馆中的新朋友纳入学习循环之中。考察这些变革是否能提高 KPI。

16. 与博物馆行业分享您的经验，让您所在领域和所有博物馆共同进步：博物馆领域的协作非常紧密，且乐于分享有助于整个行业发展的信息。正如我们能向别人学习一样，我们也可以成为它山之石。这是在特定领域由最佳实践博物馆树立自我完善的榜样并提供指导的过程，您也可以将自己的最佳实践反哺于它们。

通过本章的实践，您可以将自己与同行进行比较，以考察您的绩效处于同行正常范围之内，或是高于/低于标准。在这一过程中，您将形成一个益处多多，且共享类型多样的同行网络。通过同行网络，您将了解它们的最佳实践，并利用这些信息来提高自身影响力和绩效，进而促进同行网络和整个博物馆领域能力的提升。下一章将第五、六、七章三章的成果整合进博物馆面板中，为博物馆规划和决策提供信息。

第八章　报告影响力和绩效的变化

博物馆如何形成一种由数据提供信息的文化？

在第五、六、七章中，您确定了博物馆的预期目标（IP）和影响及其优先级，选定了关键绩效指标（KPI）并对其进行排序，将这些 KPI 与博物馆历年及同行博物馆的数据进行比较。本章将探讨如何定期发布您的成果，为领导层提供信息，并成为运营文化的一部分，从而带来更大的影响和更好的绩效。

从本质上来讲，本章并不像前几章有那么多指定程序。您将了解如何在博物馆开展内部交流活动。其目标是基于一种足够可靠和频繁的方式将成果告知决策者和利益相关者，使 KPI 检测成为一项常规且可信的工作。实现这一目标的方法有很多，您可以采用本章的建议来设计一套适合您博物馆的持续沟通规划。

为实现这一目标，对影响和绩效指标的报告应：

1. 清晰、准确且定期；
2. 通过分析指出突出的方面及可能的问题和机遇；
3. 将报告研究作为每位领导和管理者的日常工作和职位描述的一部分；
4. 在规划和决策会议或过程中被纳入考量；

5. 成为设定量化目标的基础；

6. 定期评估 KPI 作为博物馆预期影响评量标准的有效性，以及报告流程对推动博物馆目标的作用。

报告您博物馆的 KPI

经常流转 KPI 数据能够满足数据共享的透明度要求，但这些孤立的数字只是特定时间和空间的数据点，并不会跨越时空界线来说明问题。当 KPI 被比较时——同一 KPI 在不同时间点、同一 KPI 在不同博物馆的状况——才会反映具体情况。

鉴于 KPI 需要通过比较来解读，可以利用 KPI 数据在 Excel 中直观地生成图表及柱状图形式的报告，然后将这些直观图表导入内部流转用的报告、幻灯片中，并用屏幕展示。

目标比较

博物馆最常被要求提供的报告可能是关于运营 KPI 与年度预算目标数的比较。与预算相比我们做得如何？最受关注的 KPI 往往与参观量和收入目标有关，因为这两者是博物馆的生命所系，并对过程修订持开放态度。

同比比较

同比比较（Year-over-year，简称 YOY）关注的是自上年度以来所发生变化的程度，其与上一年设定的预期目标相关。我们是否达成或超越了目标？利益相关者可以将 KPI 的同比比较的原始数据作为相关管理人员认可和关心事项的报表。好的报告会对年度概况及其影响和运营进行陈述，并对每一项重大的正向或负向变化数据进行解释说明。理想情况下，报告还应对需要肯定和注意的事项进行总结。参见工作表"总结报告"。

历年比较揭示了整体趋势，尤其是当您回溯足够多年的数据，就可以从线性图表（年度为横坐标，KPI 数值为纵坐标）的连续数据或范围中发现历史趋势。例如，学校参观占人口指数的比例是长期性回落，还是只是周期性下降？学校团体会回到之前的水平，还是我们需要适应新常态？

同行比较

同行比较将您的博物馆置于同类博物馆的背景之下。与吸引类似观众群体的博物馆相比，您在营销方面是否投入过多或不足？同行博物馆的会员保留率如何？与同行博物馆的比较通常以柱状图来表示，您的博物馆将用特殊颜色标记。同样，文字阐述可以对一些异常情况进行说明。将您和同行博物馆有着较高 KPI 评分的最佳实践进行报告也颇具意义。

"绩效评估和建议研究"是最全面的同行比较报告，它会考察您和同行博物馆的 KPI 和其他运营数据，并进行比较。此类报告自然会强调共同的优缺点，同时也有助于让董事会成员、媒体和其他利益相关者设定切合实际的期望值，并对您的博物馆能在同类博物馆正常范围内运行加以肯定。

一致性和有效性分析

这种叙述性分析是一种元研究，它将结果作为一个整体，考察预期和结果之间的一致性、KPI 作为影响和绩效指标的有效性，以及过程的整体性。分析的目的是提高您一系列不断完善的预期影响及相关KPI的意义和实用性。

总体而言，这些评估反映了您博物馆的什么状况？KPI评估结果之间是互相强化，还是互相矛盾的？叙述是否客观，还是将成功归功于员工的优秀，把失败都归于外部因素？KPI的可操作性如何？数据收集过程是否准确？指标是否与您需要评估的预期影响切实相关？对这类问题的回答将是对批评者的回应，并推动KPI的价值和数据收集准确度的改进。

总结报告

一份可执行的总结会从更为详细的报告中提炼关键结果、设定背景情况、加以评注，并提供总结性建议。

未来的调整和定向目标

后续报告将在领导者进行下一阶段规划时提供评估结果和建议。

定期向领导者提交您的报告。需要确定博物馆影响力和绩效评估结果向公众开放的透明度。关于公共透明度，可以借鉴达拉斯艺术博物馆的做法。

构建相关KPI的面板

在这一阶段，您已为博物馆每项优先预期目标设定了KPI，并确定了计算KPI所需的同比及同行博物馆可比数据的收集和报告流程。

面板是帮助领导层和管理人员了解博物馆运作情况的一系列信息。它是对汽车仪表盘的比喻的拓展，包括一系列刻度和计量表，通常会注明危险区域，以帮助博物馆"司机"了解它的运行情况。这个比喻意味着实时性，但这肯定是理想化的：当前展厅内有多少观众？自昨晚的新闻以来，展厅 E 内的观众停留时间是否有所延长？开学后志愿者的工作时长是否回升？上周末的拥挤状况是否降低了我们的净推荐值？

面板也是对于博物馆及其领导层、管理人员和员工非常重要的 KPI 摘要、快照和总结。它是前文所述报告过程的一部分，只是更为即时、可视化。面板对于运营文化而言颇为重要，就像是桌面图标。

有些与博物馆预期目标没有正式关联的 KPI 对于博物馆运营同样重要，这些运营 KPI 可能也会在面板上反映自己领域的情况。现金流动情况、实际与预算比较、每平方英尺建筑支出、当前工资账户结余之类的运营 KPI 是管理人员在博物馆影响力和绩效之外，亦需考察的指标。

1. 确定如何获得清晰的 KPI 面板读数，以引起管理人员的关注。这是一个关于地方资源和文化的问题。面板通过博物馆传感器、会计、票务系统的数据实时更新，既可以像被钉在公告栏的打印文件或电子邮件通知一样简单，也可以像满屏数据那般复杂。最好从简单的形式开始。

2. 为管理人员设计原型面板 1.0 版来跟踪选定的关键绩效指标，并标记出需给予关注的变化。每项预期目标都应显示其目标和总结性 KPI，以及 KPI 来源及数据字段。

3. 管理人员试用原型。收集意见和建议，并按需进行修改。

4. 流转面板 1.0 版，并为可持续的更新设置相关流程。
5. 为博物馆预期目标、KPI 及面板的改进新建一个文件夹。

定期检验指标的意义及准确性

影响力和绩效指标只是宏观指标，必须不时地采用其他方法来检验其有效性，如通过调查、访谈、小组座谈等方式来考察其结果是否支持或质疑所选的影响力和绩效指标。

例如，教师重复利用率指标能很好地反映教师是否有足够多的收获。因为他们是老师，即合格的教育工作者，所以我们可以假定他们所受到的影响是具有教育性的，但这一假设需要进行定性评估："教师为何会重访？"这是不是因为博物馆对其学生具有教育价值？还是因为这是对他们和学生的一种奖励——在安全的环境中度过愉快的一天？这类及其他感知效益的相对占比是多少，会如何影响指标的有效性或诠释？

如前所述，博物馆也有难以用时间、精力和金钱来计算的无形价值。例如，博物馆对于其社区的象征意义就难以量化。博物馆对于激发天才、抚慰悲伤、点亮浪漫的潜力或能力亦是如此。如果博物馆的无形效益和资源大体保持不变，那么有形价值的变化或可代表博物馆整体感知价值的变化。但是，您需要思考博物馆的无形效益或资源是否可能在同一时间段发生变化，尤其是在资本激增的年份。比如，博物馆会新增更好的藏品保管空间，这意味着遗产保护的资本价值的增长，但在最初的几年，运营收入数据很少会因此发生变化，也就无法在年度影响和效益中反映出此类增长。

定期修订您的行动理论、预期目标、预期影响和 KPI，以总结经验和教训。如果定性评估证明指标无效，则尝试另一项指标；若证明有效，但有其局限性，例如博物馆影响力只是原因之一，那么将矫正因子纳入修订的 KPI 之中。与员工沟通，为了实现这些成果，他们在做些什么？他们的回答是否与行动理论的叙述一致？对他们的实践或您的理论进行比较性的调整。

以绩效评估为重

约翰·福尔克（John Falk）和贝弗利·谢泼德（Beverly Sheppard）在《知识时代的繁荣：博物馆和其他文化机构的新商业模式》（*Thriving in the Knowledge Age: New Business Models for Museums and Other Cultural Institutions*）中建议，博物馆应根据克劳福德（Crawford）和马修斯（Matthews）的五大类型来确定绩效层级，即可达性、体验、价格、服务和产品。他们指出，博物馆需要尝试只在某一领域占据主导地位（一流），在另一领域做到优秀，在其他方面能被认可即可（Falk and Sheppard, 2006）。

福尔克和谢泼德的研究表明，您还需要确定您希望在哪方面做到一流。MIIP 1.0 有很多绩效指标的建议，您可以从中挑选五项以上，并期望在不止一项上做到最好。这么做的目的是将 KPI 优先级与预期绩效层级进行匹配。您希望以什么著称？您希望擅长产生哪些影响，让其他博物馆前来学习？在其他领域恰如其分的绩效可以在资源保护、创新和增长方面有所助益。

在对优先事项进行数学计算前，尤其是当其被整合为总体绩效评分前，需要特别注意以下事项。在领导层表达对选项相对重要性的意见时，按百分比对一组选项进行排序不失为一种有效的方法，但当这些数据被导入算法中时可能就没有那么有效，因为算式中的其他数据只是意见性的，特别是在有些基础数据不稳定的情况下。本节概述了如何计算总体绩效值，但建议您至少在选定的 KPI 顺利开展评估多年之后再进行此项工作。

1. 回顾您之前为每个预期目标及其影响分配的优先级。每个预期目标应有一个百分比，所有项相加总数为 100%。每个预期目标对应一个或多个预期影响，分别设有优先级百分比，总和为 100%。将这两项百分比相乘，获得每项预期影响在整体优先级的百分比，每项相加总计同样为 100%。

(1) 假设您有三个预期目标，每个目标分别有三种预期影响，每种影响由三项 KPI 进行监测，那么您就有 27 项 KPI，平均每项 KPI 占总体的 3.7%。

(2) 这些 KPI 数量过多：少数真正重要的 KPI 会将其他的最小化并产生舍入误差，而且 27 项对于数据跟踪而言太多了，难以实现。

(3) 一种解决方案是将相关的 KPI 嵌套入少量的总结性 KPI 数值中。管理人员可以按需深入每一部分来看详细信息。

(4) 另一种解决方案是对博物馆能够支持的 KPI 数量加以限制。

2. 创建一套统一的评分系统，将不同类型的 KPI 结果转换为通用的数值。或许您将每个基准年的数值设定为指数 100，并将当前年的 KPI 转换为 ±100。或者为每项 KPI 设定一个等级，其中 C 代表平均值或与去年持平，A 表示更好，F 表示差很多，然后就可以计算出平均等级。采用您和利益相关者认同的方法，并尽可能保持纯数学计算，避免主观判断。

（1）将每项 KPI 分数按其占整体的优先百分比进行计算，所有项相加便可得出博物馆总分。

（2）在使用这一数据时需要十分谨慎，且处处留心——毕竟它是通过层层计算得来的。

小　　结

KPI 评估结果旨在通过目标的不断完善和改进，对领导层的政策制订、管理决策提供提示和信息，而非命令。

任何人都不应期待或担心所选的 KPI 会对所有决策产生决定性影响。我们是博物馆，而非工厂或服务机构，博物馆专业人员的创新和热情会缓解过度的"指标依赖"。许多工作人员对于将参观量和相关收入联系在一起的做法怨声载道，但本书提及的由博物馆选取的 KPI 数据远不止单一地衡量参观量，后者是对博物馆价值的过度简化。

或许有人会认为，博物馆不应拘泥于程式化的评估，因为博物馆提供了超出会计范畴的各种影响。有一种论点认为，博物馆的质量无法用金钱或人气来衡量，它是只有少数人才能在没有资源限制的情况下实现的某种形式的绝对真理与美。也许，拥有巨额捐赠的盖蒂博物馆可以在对外部收入毫无顾虑的情况下运营，但大部分博物馆都需要对其所在社区负责，尤其是那些为其运营提供基础的观众和支持者。

我们越来越需要证明博物馆的影响力和绩效，详见绪论及第一章。博物馆专业人员希望能拥有保障、资源和自由，以在享有盛誉的博物馆舞台上施展抱负，但这既不是长期趋势，也非可期的未来。

它既非出自社区服务的维度，也不是对我们的观众和支持者的回应。在激烈争夺时间、精力和金钱的市场中，公众会根据自己的选择做出判断，并去往别处。更好的途径是与他们协作，各取所需。KPI通过对博物馆参与过程中的实际行为和交换的监测来对这种协作进行跟踪。

博物馆也处于变化、危险和机遇的湍流之中。政府预算的削减、意外而来的遗赠、管理者的需求、馆长的离开、活动家的抗议……当意料之外的"黑天鹅难题"[①] 降临，您的 KPI 及收集有效数据的能力都可能会受到影响。当然，KPI 系统也是一种应对变化的方法，因为从中您能看到变化的方向。正如苏珊·雷蒙德（Susan Raymond）所言：

> 在社会公共服务领域，最成功的的非营利组织不外乎那些领导者、董事会和项目具有如下特征的机构：(1)有足够的勇气专注于自身领域；(2)有足够的纪律来实施导航策略，利用变化的"风向"来建立稳定的收入策略，对即将到来的"风暴"进行预测，经受住风吹雨打，并不断向更美好的社会迈进。（Raymond，2010）

[①] 译者注：黑天鹅难题（problem of black swans）是由纳西姆·塔勒布（Nassim Taleb）提出来的。他这样定义：黑天鹅代表外来因素，是超出正常预料的事件。

本章参考文献

Falk, John H., and Beverly K. Sheppard. *Thriving in the Knowledge Age: New Business Models for Museums and Other Cultural Institutions*. Lanham, MD: AltaMira, 2006.

Raymond, Susan U. *Nonprofit Finance for Hard Times: Setting the Larger Stage*. Hoboken: Wiley, 2010.

第九章 总结及未来发展潜力

已经实现了什么?如何进一步推动博物馆行业、您的博物馆及专业的发展?前景如何?

迄今为止,全球各地的博物馆专业人员和协会所做的大量工作为本书前三章奠定了基本原理、理论和分析的基础,并在后五章中加以应用。

前几章内容通过评估框架的构建,揭示了一套适用于现今博物馆实际运行的博物馆基本行动理论——博物馆如何开展业务。在这一过程中,也发现了诸多可以反映博物馆目标的不同类型的影响,继而将这些成果应用到博物馆影响力和绩效评估的实践中。

最后,本章将对评估影响力和绩效变化的理论和实践加以总结;为您提供一系列开放式的 KPI 和自主选择的空间,可按需进行删减;展望使用正确的评估标准带来的潜在未来效益;讨论这一方法的背后究竟是异端还是创新。

博物馆是一个复杂的综合体。评估框架必须适应这种复杂性,以适用于单个博物馆。博物馆行动理论及其定义是对以往工作的整合,也是帮助博物馆统一目标和成果以改善影响力和绩效的一种可能的方法。博物馆影响力和绩效指标（MIIP 1.0）反映了众多博物馆给予公共领域、私有领域、个人需求及期望的众多有价值的影响。

行动理论评估框架可以帮助各个博物馆证实其当前业务的开展状况，规划提升影响力的措施，并选择能够反映其是否成功的指标。MIIP 1.0 则可以帮助各个博物馆了解其潜在影响及公共、私有及个人效益的范畴。评估和规划框架有助于博物馆做出其关注焦点的艰难抉择，且免受单项任务评估那样的限制。

博物馆参与度涵盖了博物馆观众及支持者投入的时间、精力，往往还有金钱。通常，人们需要前往博物馆进行实地参观体验，参与安排的项目、夜间活动，开展资助进度审查、展览咨询会议等工作。物理意义上的博物馆参与也可以作为博物馆外展项目的一部分在馆外举办。外展活动的目的在于减少观众所耗费的精力，主要是长途跋涉带来的麻烦，但参加科学节或课后艺术工作坊还是需要花一些精力。虚拟博物馆参与是在线开展的，需要投入的精力和资金少之又少，只需要时间即可。

对于我们的观众和支持者来说，时间是最为稀缺的。周遭的世界有那么多事情值得关注，有那么多具有启发性和有效性的社会项目在寻求经费支持，有那么多娱乐项目和学习体验在为他们的时间竞争。事实上，还有很多博物馆在为赢得观众和支持者而努力。

博物馆需要竞争，这有助于它们选择想要提供哪些公共、私有和个人效益，并了解如何不断完善其影响和绩效指标。

评估博物馆影响力和绩效

本书对于博物馆影响力和绩效的研究，遵循了从研究到理论和结果，再将理论应用于实践的逻辑发展顺序。

第一章首先对 11 个评估框架的相关文献做了回顾，揭示出博物馆的基本行动理论及其 7 个步骤。

博物馆行动理论的步骤

步骤 1　预期目标——博物馆想要提供什么。

步骤 2　指导原则——博物馆的特征、品牌认同和标准。

步骤 3　资源——博物馆的藏品、设施、声誉和人员。

步骤 4　活动——博物馆的展览、项目和其他服务。

步骤 5　运营和评估数据——年度活动统计和调查结果。

步骤 6　关键绩效指标——采用既定公式计算活动数据的变化，进而评估影响力和绩效的变化。

步骤 7　感知效益——观众和支持者从活动中获得了什么。

具体而言，这一行动理论可表述为：博物馆，服务于其所在社区，并决定其预期目标和影响。然后，在其原则的指导下，博物馆利用其资源为社区及其观众和支持者开展各项活动，产生了有价值的影响和效益。这些活动的参与情况产生的一系列运营和

评估数据，可整合到监测博物馆效力和效率的 KPI 中。博物馆行动理论在表 9.1 中为双向循环模型，在表 1.3 中则以逻辑模型来表示。

表 9.1 博物馆行动理论（双向版本）

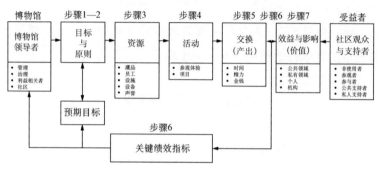

来源：白橡木研究所

第二章也从文献综述入手，利用 51 个被认可的博物馆资源（见附录 B）构建了一个具有代表性的博物馆潜在影响和绩效指标数据库（MIIP 1.0）。通过对数据库中 1 025 项指标的分析，总结出 14 种博物馆潜在影响类型和 60 个数据内容主题，其中包括 7 类公共领域影响（扩大参与度、保护遗产、强化社会资本、提高公众知识水平、服务教育、推动社会变革、传播公众认同和形象）、2 类私有领域影响（助力经济、提供企业团体服务）、3 类个人影响（促进个人成长、提供个人休憩、欢迎个人休闲）及 2 类机构影响（助益博物馆运营、构建博物馆资本）。这 1 025 项指标也可以——对应到博物馆行动理论的 7 个步骤中，无一例外。

表 9.2 博物馆潜在影响的类型

	MIIP 指标数量
公共领域影响	
A 扩大参与度	85
B 保护遗产	47
C 强化社会资本	76
D 提高公众知识水平	43
E 服务教育	56
F 推动社会变革	40
G 传播公众认同与形象	27
私有领域影响	
H 助力经济	85
I 提供企业团体服务	9
个人影响	
J 促进个人成长	147
K 提供个人休憩	4
L 欢迎个人休闲	11
机构影响	
M 助益博物馆运营	308
N 构建博物馆资本	87
MIIP 1.0 数据库总指标数	1 025

来源：白橡木研究所

第三章基于行动理论和博物馆潜在影响类型，构建了评估博物馆影响力和绩效变化的理论基础。这一章讨论了价值的依据，区分了经济价值和社会价值、影响和效益、支持者及社区整体，探索了将自由选择交换的时间、精力和金钱作为影响力的衡量标准，介绍了跟踪评估的意义所在，并引入了定量的关键绩效指标来评估定性影响。

"第二部分　实践"将前三章中提出的概念应用到博物馆实践之中,让博物馆得以衡量其选定的影响和绩效。从学理向实践的转换旨在解决"您"——负责建立"您的博物馆"优先关键绩效指标的博物馆专业人员——的问题。第四章建立了实施流程和基本规则,并给出了一些着手相关工作的建议。

根据第五章的实践,您从观众和支持者、社区领袖和发言人、区域规划文件、现有合作伙伴、内部 SWOT 分析、MIIP 1.0 建议及博物馆近期战略规划等方面了解了您的博物馆应当或能够提供什么。所有关于博物馆何以存在的想法和建议都应纳入数据库进行分析和重要性排序。通过研究和数轮讨论,可以确定博物馆预期目标和影响的优先级——为每一个选定的目标及其影响按百分比排序。由此,您形成了一套行动理论,描述了博物馆将如何实现每一种影响。

为了厘清博物馆实现预期影响的类型和途径,第六章将每项预期影响与关键绩效指标(KPI)相关联,后者是您选定的用来评估预期影响具有代表性方面的变化的指标。

例如,在附录的工作表中,博物馆样本三个预期目标的第二项为"为社区贡献价值"。该博物馆认为,实现这一目标的方法之一是帮助"增强公民的联系"。其后,他们决定通过 4 项 KPI 来考察预期影响的相关依据:(1)员工和领导层构成反映社区多样性的程度;(2)博物馆合作伙伴数量的变化;(3)博物馆管理人员是否将其 5%～10% 的时间投入社区项目中;(4)地方企业支持比例与同行的比较——以上的每项指标都可以与预期影响对应起来。

这些KPI能够反映预期影响，但需要通过评估方法定期对其进行检验。这些数据可能是由其他因素造成的：团队的多样性是否真的导致项目和观众的多样化？合作伙伴的数量是否反映了公民联系？社区领袖是否认识到我们的管理人员正在加强公民联系？我们的企业支持者是否认可我们强化公民联系的作用？

第七章将您的博物馆与同行联系起来。这类比较能够帮助您和您的管理者了解自身在相似环境的同行博物馆中处于什么位置、有哪些发展潜力、在哪些方面进行了最佳实践。这一章引领您构建一个同行博物馆网络，并通过现有数据收集点将您和同行博物馆的KPI进行比较。

第八章介绍了如何构建面板来跟踪博物馆预期影响绩效及运营状态，并将评估结果反馈给同事和利益相关者，从而形成一种以数据为依据的决策文化。

突破障碍和复杂性的开始

本书第二部分介绍的流程较为复杂，整个过程涉及诸多利益相关者。当然，也有更简单的方法来衡量影响力和绩效，但笔者的目标是建立一套适用于所有博物馆的系统的方法，无论其身处何方，无论情况有多复杂。在第四至八章中，我提出了一套完整的流程。对于那些没有足够的时间并急于开始评估的博物馆领导者，我深表遗憾，尽管他们可能是迫于董事会的压力。您可以且应该根据自身需求和资源状况对流程进行调整。

您可以按需略过前面的步骤，直观地选择少数原型指标，但需做好准备之后回过头来重新调整，以便指标发挥作用。我们需要认识并预计到走捷径的风险：缺乏认同、使博物馆倾向于简单的数字目标、缺乏数据支撑、负面的第一印象，以及在信息不充分的情况下进行选择。

尽管我一直避免推荐相关指标，但在最后一章中，我想要分享几个指标。在能够获取相关数据的前提下，博物馆可以直接采用以下指标：

- 博物馆关键服务市场的外部运营收入比例与预期目标的优先级占比的比较。该指标反映了博物馆预期目标与实际产生效益的相对一致性。完全一致并不现实，但若存在重大差异，则需要进行调查。
- 博物馆观众和支持者的多样性与社区多样性的比较。该指标反映了博物馆的可及性及对不同居民的吸引力。
- 博物馆年度总参与（不包括虚拟访问）的市场比例与社区人口之比。该指标反映了社区在博物馆所投入的精力。
- 净推荐值（NPS）（指标#641）。该指标是定期对离开博物馆主要公共区域的观众进行问询所得。NPS一直以来被认为是反映顾客感知价值的简单且具预测性的指标。
- 来自持续性支持者的支持性收入与前几年的比较。支持者不断提供支持表明其相信博物馆正在实现其预期目标。
- 总收入和总参与数与预算预测之差。该指标反映了预期运营价值，若为负数，则说明做得不够。

大部分博物馆都希望能添加至少一项与其使命直接相关的指标，按本书的提法，可称其为"首要预期目标#1"。

有些博物馆担心KPI可能会变成一种束缚，希望能有一些鼓励创造力、创新的KPI，甚至超越KPI的想法。

在单体博物馆、博物馆专业人员及博物馆行业中的应用前景

行动理论至少有三种用途：评估和衡量当前影响；规划下一年的运营以及新建或扩建博物馆；研究活动与结果之间的相关性及因果关系。

每一座独特的博物馆都可以运用行动理论评估框架来证实和提升其独特的影响力和绩效。当博物馆设定其预期目标和影响，便可以评估其活动服务于这些目标的效力和效率的变化：它的资源利用情况如何，相关活动是否符合其指导原则？博物馆可以按步骤为每个目标设定指标，并利用这些数据来为领导决策提供信息，而不是命令。

当然，博物馆是由人来运营的，本身并不是一个理性的统一体。就像博物馆行业是为不同目标、向不同方向发展的非常多样的博物馆的集合一样，大中型博物馆也聚合了不同的个人利益——工作人员、财务人员、管理人员、营销人员、注册人员、教育人员、受托人、展览开发商、馆长等。

博物馆专业人员可以用行动理论来自我审视：我的意图是什么？我希望对谁产生什么样的影响？其他人是否认可这些影响也是我所带来的效益，并且是他们需要的？我的优先事项如何与同事及所在博物馆的优先事项保持一致？如何提高两者的一致性？

本书构建的理论和实践有助于博物馆行业通过其影响力和绩效的依据来倡导多元价值，传播其成员的广泛多样性，并确定和共享最佳实践和创新。博物馆行动理论可以通过采用共同的评估框架、定义和研究日程，来使博物馆价值的改进和标准的提升产

生更广泛的影响，从而推动博物馆行业的专业化水平。

表 9.3 列举了这些潜在用途的示例：

表 9.3　博物馆行动理论评估框架用途示例

用途类型	博物馆领域	单体博物馆	博物馆专业人员
评估当前状况（记录）	博物馆倡议	年度影响力和绩效报告	履历
设定未来目标（规划）	专业发展战略	战略规划	目标设定
研究框架（研究与评估）	标准化指标定义	机构学习日程	个人评估日记

来源：白橡木研究所

以下两个例子可以说明这些方法的潜在益处：当博物馆的评估体系日趋完善，博物馆可以计算社会投资回报（returns on social investments，简称 ROSI）；博物馆和博物馆行业可以研究其预期与实际结果的一致性程度。

用于计算博物馆年度社会投资回报（ROSI）

如第一章所述，社会投资回报是一个常见的非营利组织 KPI，是影响力价值与成本之比。一旦博物馆的 KPI 开始运行，当对资本活动进行规划时，便能够对 ROSI 进行检测：如果增加资本资产，其所带来的影响力和收入的增长是否至少能与现有 ROSI 匹配？换言之，酝酿中的资本活动是否能让博物馆成为一个更有效、更高效的机构？

目标与影响的一致性

一项关于内部目标和外部感知效益之间关系的初步分析表明，在未来，或许可以研究博物馆预期目标与观众及支持者价值无法完全一致,但较高的一致性能够惠及各受益方及整个社区的假设:我们的预期目标与感知效益的一致性如何?较高的一致性是否更为有效和高效?

初步分析着眼于 MIIP 1.0 每项影响在预期目标(步骤1)中较之感知效益(步骤7)的相对普遍性(如占总体的相对份额)。不同程度的普遍性/关注度可以反映博物馆行业的预期和结果之间的一致性,如表9.4所示。

表9.4 MIIP 1.0 中每类影响的相对普遍性

博物馆潜在影响	影响力指标总数	步骤1预期目标指标数		步骤7感知效益指标数		步骤1VS步骤7		受益方
						+/−	变化%	
A. 扩大参与度	85	11	12%	23	6%	−5.2%	−45%	公共领域
B. 保护遗产	47	13	14%	10	3%	−10.9%	−80%	
C. 强化社会资本	76	9	9%	53	15%	5.2%	55%	
D. 提高公众知识水平	43	5	5%	18	5%	−0.3%	−5%	
E. 服务教育	56	9	9%	18	5%	−4.5%	−47%	
F. 推动社会变革	40	11	12%	25	7%	−4.6%	−40%	
G. 传播公众认同与形象	27	2	2%	24	7%	4.6%	217%	
H. 助力经济	85	5	5%	60	17%	11.4%	217%	私有领域
I. 提供企业团体服务	9	0	0%	4	1%	1.1%		
J. 促进个人成长	147	18	19%	95	26%	7.4%	39%	个人
K. 提供个人休憩	4	1	1%	3	1%	−0.2%	−21%	
L. 欢迎个人休闲	11	0	0%	10	3%	2.8%		
M. 助益博物馆运营	308	5	5%	5	1%	−3.9%	−74%	机构
N. 构建博物馆资本	87	6	6%	12	3%	−3.0%	−47%	
	1 025	95	9%	360	35%	0%		

以表 9.4 中框选出的百分比为例，强化社会资本作为一种感知效益（占感知效益指标总数的 15%）较之于预期目标（占预期目标指标总数的 9%）更为普遍。或许博物馆可以更有意识地担负起社区聚集场所、文化桥梁和/或诚实可信的中间方角色，来提升这种影响。助力经济相关指标占感知效益指标总数的 17%，而在预期目标指标中仅占 5%。城市通过吸引企业，政府通过提供经济刺激基金来创造就业机会，博物馆也能创造就业机会，但很多博物馆往往对自身至精至简的人员设置引以为傲，无论是出于自愿还是必要——或许我们的目标之一就应是创造就业机会。还有一些影响相较于社区及其观众和支持者而言，更受博物馆重视。保护遗产相关指标占博物馆预期的 14%，但在结果指标中仅占 3%。

虽然这些计算结果并不能作为强有力的依据，但它们提出了进一步探究的方向：博物馆在强化社会资本和助力经济方面是否没有足够的意愿？公众是否没有充分重视博物馆保护遗产的使命？如果预期目标与结果不相符，那么对行动理论中的步骤进行调整，或可提升效力和效率，进而提高博物馆影响力和绩效。

是异端还是创新？

无论是行动理论还是博物馆潜在影响分类都基于博物馆领域的文献资料，并与数十年来对博物馆业务开展及其缘由的研究相适应。然而，两者看待博物馆的方式已与 20 世纪大相径庭。

我们一直以来都知道评估的必要性，然而始终没有形成标准化的评估方法，也没有组织范式。40 年来，在为全球 100 多家博物馆进行博物馆分析和战略规划①的过程中，我发现20世纪的三大信条阻碍了通往可能答案的大门：以使命为中心的信条、公共价值信条、产出与成果信条。幸运的是，这些教条已经过时，也不再能用来解释当今最具活力的博物馆的运营方式及其贡献。我认为我们需要新的方法。或许有些人会认为这是异端邪说，但我希望也有人认为这是一种创新。

以使命为中心的信条：认为博物馆的使命是博物馆的唯一目的，其他一切都只是实现博物馆使命的手段。正如我在《社区服务型博物馆：承认我们的多种使命》一文中所述，大多数大中型博物馆实现的影响已远超其使命（Jacobsen，2014），因此，仅凭博物馆使命完成情况已不足以评估博物馆全部的社会价值。本书将使命多元化，并称其为预期目标，以避免出现准确却拗口的使命1、使命2、使命3等。

公共价值信条：认为博物馆的公共价值是唯一真正重要的价值。与之相反，在观念上平等地看待公共价值、私有价值和个人价值，可以更为全面地了解博物馆的外部价值所在，并反映当代博物馆运营预算的现状，包括支持性、赞助性和经营性收入。数十年来，公共资金在美国博物馆总收入中的占比持续下滑（Merritt and Katz，2009）。由于博物馆公共建筑运营及藏品保护成本无法降低，公共资助的削减意味着私有及个人资助有所上升。鉴于公共资助减少的长期趋势，博物馆应更有意识地提供私有领域效益和个人效益，并无须为将部分工作重心从公共影响转

---

① 这项工作是由白橡木联合有限公司完成的。该公司是一家由作者和珍妮·斯塔尔共同拥有和经营的博物馆规划和分析公司。

移开而感到内疚或惆怅。

产出与成果信条：认为博物馆运营数据中的产出数据不能作为证明其成果的依据。这一否定是对我们的社区及其观众和支持者的不尊重，也无视了令其做出选择的竞争市场。家长、教师、赠款官员、志愿者、游客和捐赠者都具有专业知识，并据此做出有意识的选择。在自由选择的竞争市场中，他们所投入的资金、时间和精力都反映了专家眼中的价值所在。当然，这些交换也可能受其他因素影响，因此需要定期对这些行为指标进行检验、修订或完善：教师再次前来是因为他们信任博物馆的教育影响，还是因为方便？

当跳出这三个信条，我们就能更清晰地审视博物馆，而新的评估策略和原则便应运而生。本评估框架基于以下假设：

- 对于多重使命的博物馆而言，其整体价值及年度活动都可以被评估，而不应局限于对使命相关影响的评量，且将其他影响作为实现使命的辅助手段。
- 多重使命和独特的资源意味着博物馆之间差异的复杂性。因此，无法使用统一的标准来评判所有的博物馆，而是由每个博物馆有意识地确定自身使命（本书称之为预期目标）及衡量其影响的方法。
- 当我们将公共、私有和个人影响置于平等地位，我们便能尊重我们的整个社区及其观众和支持者，并对其希望博物馆做出的改变给予更多关注。因此，我们可以通过观众和支持者的行为和意见数据来不断改进和提升我们的社区服务。
- 如今，博物馆的所有收入、参与和停留时间都是在竞争市场中赢得的,所有博物馆参与都是时间、精力,有时也是资金的市场交换。因此,我们可以将这些交换的变化视作社区及其观众和支持者所获感知效益及影响的价值指标。
- 当我们认可一些运营数据是对诸如教师、捐资官员等专家选择的年度统计,便可以添加一组结合了运营和评估数据的新的影响力评估指标:精心挑选的关键绩效指标通过定性评估定期对博物馆影响力和绩效的变化进行评量。

结论与展望

博物馆和文化领域的其他机构在形成以数据为依据的决策文化前有一个过渡阶段。在博物馆领域,数据质量和一致性都需要提升,而领导者对于更多、更好的数据的需求亦需提高。正如大英帝国官佐勋章获得者安东尼·利利(Anthony Lilley)与保罗·摩尔(Paul Moore)教授在其合著的《计算真正重要的:大数据能为文化领域做什么》(*Counting What Counts: What Big Data Can Do for the Cultural Sector*)一书中指出的:

> 文化领域当前对数据的使用是过时且不恰当的……未能充分发挥较好的数据利用可能带来的可观的财务和运营效益。此外,更好的了解并提升公共支出的文化和社会影响的重要机会正在变得越来越少。
>
> 是时候让艺术和文化机构改变处理数据的方式,并基于

其他领域的所谓"大数据"管理进行改进了。（Lilley and Moore，2013）

如绪论所述，博物馆需要将评估数据和博物馆经营数据进行整合，以更全面地了解其影响和绩效。这种对定量大数据和定性小数据的结合需要而非取代领导力、远见和专业知识。数据科学家派萨克维奇（Peysakhovich）和史蒂芬-大卫德威茨（Stephens-Davidowitz）的支持性观点如下：

> 大数据可以告诉我们，某些教师是否在帮助其学生；小数据让我们得以回答一个关键性问题：他们是如何做到的？……无论容量多大的数据集都无法准确地告诉我们需要什么。大量的新数据集让我们的创造力、判断力、直觉和专业性变得更为重要，而非相反。（Peysakhovich and Stephens-Davidowitz，2015）

好消息是，博物馆拥有大量有形和无形的资本资源。藏品、建筑、场地、专业人员、网络、现有收入线、公共信托及文化价值都是我们可利用的资源，用来为社区提供所需的活动和服务，进而实现我们建设一个更美好、更民主的社会的共同愿望（Hein，2006）。

本书所构建的评估框架结合了其他博物馆专家的研究，提出了 14 类博物馆潜在影响及效益来阐述博物馆的使命和宗旨，并从行动理论的 7 个步骤来解释博物馆的工作机制。通过应用本框架并选择合适的 KPI，博物馆可以对其影响力和绩效进行评估，从而更有效和高效地利用它们的资源。

总而言之，在斯蒂芬·韦尔率先提出了这项任务的复杂性之后，我希望从他那儿得到更多正能量：

> 对我而言，最值得关注的是优秀的博物馆在致力于公共服务时可供选择的目标的范围有多广……因为大多数好的博物馆往往不只有一个目标，而是各种目标的集合体……博物馆可以在各种各样的方面取得成功。博物馆无论做什么，都必须牢记其所有事业的基石：对人们的生活质量产生积极的影响。能够做到这些的博物馆，便是极为重要的。（Weil，2002，74）

本章参考文献

Hein, George E. "Museum Education." In *A Companion to Museum Studies*, by S. MacDonald. Oxford: Blackwell, 2006.

Jacobsen, John W. "The Community Service Museum: Owning up to Our Multiple Missions." *Museum Management and Curatorship* 29, no. 1 (2014): 1-18.

Lilley, Anthony, and Paul Moore. "Counting What Counts: What Big Data Can Do for the Cultural Sector." Magic Lantern Productions Ltd. February 2013.

Merritt, Elizabeth E., and Philip M. Katz. *Museum Financial Information 2009*. American Association of Museum. August 1, 2009.

Peysakhovich, Alex, and Seth Stephens-Davidowitz. "How Not

to Drown in Numbers." *New York Times*, May 3, 2015, SR 7.

Weil, Stephen. *Making Museums Matter*. Washington, D. C.: Smithsonian Institution, 2002.

附录

- 附录 A 定义和假设
- 附录 B MIIP 1.0 的源文档
- 附录 C 博物馆潜在影响：精选案例
- 附录 D 评估公式示例
- 附录 E 工作表：博物馆样表及空白表
- 附录 F 如何获取 MIIP 1.0 和博物馆行动理论

附录 A 定义和假设

定义上的差异使数据共享和理解变得颇为困难。本书一以贯之地采用附录 A 中列出的定义。大部分定义基于现有调研工具和评估框架，并综合了博物馆协会和专业团体所采用的定义。

这些术语以楷体表示，它们不按字母顺序排列，而是按主题分为六大组：博物馆，行动理论，影响和绩效，博物馆参与，社区、观众及支持者，价值交换。

表 A.1 列举了所有术语，并列出了其重点出现的段落编号。

表 A.1 定义和假设一览表

术语	编号#	术语	编号#	术语	编号#
活动	12	人力资源	10	项目	29
门票(展厅)	31	影响和绩效 KPI	23	公共影响	44
一致性	42	影响	13、15、16、19	目标	2.b
年度总计	56	对他人的影响	18	目标(预期)	9
参观数	31	指标	20	居民市场	36
观众	32	机构影响	44	资源指标	11
授权环境	34	无形资产	10	资源	3.b、10
直接受益者	32	预期目标	9	结果	15

(续表)

术语	编号#	术语	编号#	术语	编号#
间接受益者	32.a	关键绩效指标（KPI）	22	社会投资回报（ROSI）	57
效益	13、15、19、32	关键服务市场	45	收入（经营性）	53
利他效益	18	KPI	23	收入（支持性）	53
商业模式	52	市场比例	39	ROSI	57
资本资产净收入	53	手段	2.b	学校学生市场	36
资本资产	58	MIIP 1.0	21	二级市场	36
资本项目	55	金钱	43、51	服务	14
资本资源	10	博物馆	1,4	实地参观	28
CBSA	38	博物馆经济理论	5	社会	34
社区	2.a,32	博物馆参与	25、26	支持性收入	53
社区需求	34	博物馆行动理论	8	支持者	32
成分	34	非使用者/非用户	32.a	支持者（私人）	35
核心统计区（CBSA）	38	馆外	27、29	支持者（公共）	35
核心市场	36	馆内	27、29	行动理论	7
当天来回的短途旅客	36、37	实地访问	31	行动理论（博物馆）	8
指定市场区（DMA）	38	运营收入（外部）	51	时间	43
预期影响	6,9	运营收入（总额）	54	游客	36、37
DMA	38	运营 KPI	23	不一致	42
停留时间	50	成效	6,15,16	非预期影响	9
经营收入	53	感知效益	6	使用者/用户	33

(续表)

术语	编号#	术语	编号#	术语	编号#
效力	2.b	感知价值	45	价值	40、41、42
效率	2.b	绩效	2.b、3.b、24	价值(交换)	45
精力	43、49	个人影响	44	价值(感知)	45
捐赠收入	54	人次	49	实地参观	28、31
目的	2.b、15、16	实地博物馆参与	27、49.a	虚拟	27、29
交换价值	45	主要市场	36	参观	28
财政年度	56	私有领域影响	44	参观(现场)	28
自由选择	2.c	产品	14	观众收入	28
展厅门票	31	项目参与/参与者	30、33.a	观众	33.a

博物馆

1. 本框架基于国际博物馆协会（ICOM）对于博物馆的定义："博物馆是一个为社会及其发展服务的、非营利的永久性机构，向公众开放，为教育、研究、欣赏之目的征集、保护、研究、传播、展示人类及人类环境的有形遗产和无形遗产。"（ICOM Statutes，2007）。ICOM 对于博物馆的界定较为宽泛，将科学中心、儿童博物馆、动物园和天文馆涵盖在内。本书采用的是 AAM 的分类，见表 A.2。

附录 A 定义和假设

表 A.2　美国博物馆的类型

·人类学博物馆	·水族馆
·树木园/植物园/公共花园	·自然历史博物馆
·艺术博物馆/艺术中心/雕塑公园	·自然中心
·儿童博物馆/青少年博物馆	·天文馆
·综合性博物馆/跨学科博物馆	·总统图书馆
·名人堂（如体育、娱乐、媒体）	·科学/技术中心/博物馆
·历史故居	·专业博物馆（单一主题/独立）
·历史遗迹/景观	·交通博物馆
·历史协会	·游客中心/诠释中心
·历史博物馆	·动物园/动物公园
·军事博物馆/战场	

来源：美国博物馆联盟，2012

2. 此外，本书对于博物馆的定义也包括了北美、英国和欧元区博物馆认可的四个概念，尽管其含义可能不够明确：

a. 斯蒂芬·韦尔在介绍约翰·科顿·达纳20世纪20年代的精选作品时，引用了达纳的观点：博物馆应发现社区需求，并使博物馆适应这些需求（Peniston，1999，16）。

b. 韦尔在自身的博物馆理论中，将博物馆的价值建立在它所取得的成就之上。博物馆的资源是实现目标的手段，而绩效评估则是对博物馆实现其目标的*效力*及使用资源的*效率*的评判（Weil，2002；2005）。

c. 约翰·福克和林恩·迪金在介绍其情境学习模型时，强调了博物馆独特的自主选择性学习模式，这一模式符合个人与社会文化在物理环境中的需求（Falk and Dierking，2000，xii；Falk and Sheppard，2006；Falk and Dierking，2012，33）。自由选择意味着博物馆处于一个仰赖自愿参与的竞争市场之中。人们没有义务必须造访博物馆，也不必为博物馆提供资金支持。这是博物馆的运行模式与学校及其他正式教育机构的本质区别，后者的出勤率是由禁止逃学的规章强制规定的。尽管私立学校和高等教育是消费者的自由选择，但一旦学生入学，出勤率就会受到预期和规定。博物馆的情况却并非如此。博物馆必须使每项活动吸引到观众和支持者，并使其受益。

d. 乔治·海因在约翰·杜威的渐进教育的基础上，提出了一个广为认同的博物馆广义使命：建设一个更美好、更民主的社会（Hein，2006，349）。

3. 这些概念基础对现下的博物馆领导者有如下启示：

a. 达纳的观点：博物馆有责任为所在社区提供满足其需求与期待的服务。

b. 韦尔的观点：博物馆须利用其资源（手段）来达成其目标（目的），并就此对其成效与效率进行评估（绩效）。

c. 迪金与福克的观点：博物馆身处竞争激烈、自由选择的市场，通过提供观众与支持者认可的物质和社会服务实现其运营。

d. 海因的观点：博物馆期望使世界变得更美好、更民主，如促进社区发展和社会公益。

4. 本书遵循现有的这些广义概述，不再对博物馆进行进一步的定义和限制。

5. 综合这些概念，形成了博物馆经济理论的基础：社区资助博物馆利用其资源为社区提供有效的服务。博物馆高效地提供这些服务，为社区发展和社会公益做出贡献，而不是将其净收入私有化。

6. 博物馆活动的成果可能会对其社区、观众和支持者产生预期影响。博物馆所在社区、观众和支持者为了获得感知效益而参与到博物馆之中。博物馆预期影响与市场感知效益的一致性可能构成衡量博物馆效率的指标。若两者偏差较大，则意味着预期和结果之间需提高一致性，以减少阻碍，集中利用资源；反之，若两者一致性太高，则说明博物馆没有足够的远见和领导思维。

行动理论

7. 行动理论："基于理论的评估实践（TBE）是指一种对于项目所基于的假设有非常高的细节要求的评估方法，包括从开展活动的内容、影响、后续项目、预期反馈、后期情况等，到预期的成果。"（Birckmayer and Weiss，2000）[1]

8. 博物馆行动理论假设博物馆服务于其所在社区，并决定其预期目标。然后，在其原则的指导下，博物馆利用其资源为社区及其观众和支持者开展各项活动，产生影响和效益。这些活动的参与情况产生的一系列运营和评估数据，可整合到监测博物馆效力和效率的关键绩效指标（KPI）中。

9. 博物馆的预期目标（即使命、愿景、目标、战略、宗旨）旨在引导其实现自身的预期影响（即成果、影响、效益、目的）。博物馆运营过程中还会带来其他未知或意想不到的影响，

---

[1] 原文注释如下：Suchman, 1967；Weiss, 1972, 1995, 1997, 1998；Bickman, 1990；Chen, 1990；Chen and Rossi, 1987；Costner, 1989；Finney and Moos, 1989。

其中有些可能是有益的。

10. 博物馆利用其长期资源来追求目标。博物馆资源包括：资本资源，如捐赠、土地、建筑、藏品、设备及展品；人力资源，如员工、领导者、合约商及供应商；无形资产，如声誉、地段、社区关系、品牌认同及历史遗产。对于资源的考量应是长期性和资本化的。

11. 资源指标，如员工人数和展厅面积等，一般在财年末进行报告，并对期间产生的重大变化加以说明。

12. 博物馆利用其资源生产和提供各项运营活动，如观众体验、保护工作、展览、研究、剧场演出、营销活动、工程和项目。活动的开展旨在产生有效的影响和效益，并实现高效的资源-产出比。对于活动的考量是操作性的。

13. 活动是传播博物馆影响和效益的载体或工具。举办艺术家回顾展等活动本身并非一种影响或效益，但其策划过程及最终展览的公众参与可以产生各种影响，包括保护遗产、增进公众知识、发展经济影响及促进个人成长。这些活动究竟在何种程度上产生了这样的影响和效益？这是一个关于评估的问题，与博物馆是否真正实现其目标这个更宏观的问题如出一辙。

14. 除了少数诸如图录出版物和教育工具包之类的例外，博物馆的活动提供的是服务，而非产品。博物馆既属于服务领域，也是文化和教育机构。韦尔将重点从使命转向服务："新兴的公共服务型博物馆必须把自己视为一种工具，而不是一项事业……（并）要使服务具有深远意义，利用其职业素养来丰富个人生活质量、提高社区的社会福利。"（Weil，2002，49）

影响和绩效

15. 描述博物馆活动结果的术语之间存在交集。尽管有一定的区别，但以下术语均属于行动理论逻辑模型右端（结果端）（见表0.1、表1.3），所有努力的结果都显现出来：成效、结果、影响及效益。

16. 成效、结果及影响是博物馆对个人和社会造成（或想要造成）的变化，这基于将博物馆视作实施这些改变的积极推动者的基本假设。介词的区别很重要：成效是来自博物馆活动的结果，而影响是针对博物馆社区、观众和支持者的。

17. 在某些情况下，累积了足够的个人成效可以对更大的社会群体产生影响，但这对于社会影响而言既非充分条件也非必要条件。

18. 博物馆开展的活动会对他人产生影响或益处。我们希望大多数影响是有益的，但诸如博物馆碳足迹之类的影响未必如此。

19. 博物馆期望对其社区、观众和支持者产生影响，后者也希望从博物馆中获益。效益可以不同于影响：参观水族馆的家庭收获了一次高质量的家庭体验，而水族馆的预期影响则是提升他们保护生物多样性的意识。有时，效益与影响也可以是一致的：新手父母带着蹒跚学步的孩子来到儿童博物馆，观察她在新的挑战中的成长与学习，而儿童博物馆的使命正是儿童发展。对于博物馆影响和效益一致性的研究或可使一些潜力和低效现象显现出来。牢记两者的区别很有必要，这依然可以通过介词来体现：社会、个人及组织从博物馆获得效益；博物馆对社会、个人和组织产生影响。效益是对受益者而言的，影响则是博物馆的希冀。

20. 评价博物馆对他人影响和效益以及实现这些影响的潜在绩效指标包括：评估标准、机构有效措施、基金会目标、管理学资源、建议指标、研究成果及常规问卷调查的数据采集字段等。其中，既有定量也有定性的指标，或可为专业读者提供一些关于博物馆影响力与绩效评估相关的有意义的数据。指标是一个通用性、包含性的术语。使命宣言是反映博物馆主要目标的指标；年度预算是反映运营规模的指标；观众满意度及支持者重复率分别是反映博物馆对观众和支持者影响的指标。

21. 博物馆影响力和绩效指标（MIIP 1.0）是一个由白橡木研究所从51处来源（见附录B）中抽取的1 025项指标组成的免费数据库（见网页说明页链接）。每项指标都按其潜在影响类型、所属行动理论步骤及数据内容进行标记。

22. 关键绩效指标（KPI）是计算比例、平均值和可比较基准的定量公式，旨在对活动的效力和效率进行评估。KPI通常采用对管理人员具有重要意义的评估和/或运营数据进行计算。

23. 关键绩效指标（KPI）是MIIP 1.0所有指标的子集，被标记为步骤6a、6b。步骤6a的KPI为运营KPI，步骤6b的则是影响和绩效KPI，这取决于博物馆所处的语境。大部分KPI是包含两个或以上数据字段的数学公式。数据字段是针对不同术语的数据条目，如今年和去年、来自不同的来源的数据，又如同行博物馆和市场数据。

24. 绩效是衡量效率和/或效力的方法。绩效指标或在某一时间段可被评量，但其往往更适用于比较，如博物馆年度同比比较以及与同行博物馆之间的比较。绩效采用关键绩效指标（KPI）进行评量。

博物馆参与

25. 博物馆参与是指非博物馆雇员或合同工个人前往参观博物馆或参加博物馆发起的馆外项目。个人参观衡量的是个人所投入精力（也包括时间和资金）。

26. 博物馆参与是汇总了博物馆各类活动的参与度的总数，包括展厅参观人数、系列讲座出席人数、志愿者轮班、董事会会议、与合作伙伴的互动、外展活动参与率等。年度参与是反映博物馆受益者愿意为其获得的个人、私人及公共效益付出的指标。到目前为止，还没有协会对博物馆参与总数进行统计，仅限于参观总人次。

27. 博物馆参与可以是在馆内或馆外面对面的实地参与，也可以是虚拟的。虚拟参与尚未被大部分参观量报告纳入考量范围。

28. 博物馆实地参观量是最常用、最广为统计的参与指标。实地参观是指个人来到现场参观博物馆展厅或参与项目。每人次被统计为一次博物馆参与或实地探访，哪怕这次参与涉及了不只一项活动或一个地点。例如，一次实地探访期间，若观众购买了两个参观地点的联票（如展厅加花园导览），则被计为一次实地探访，两次区域参观。参观比实地探访的范围更小，通常仅指展览或剧场的访问量，而实体探访则包括了参观及出于其他原因来到博物馆现场的行为。

29. 人们也会前来博物馆参加各类项目。博物馆可在馆内、馆外或线上举办活动，馆外和线上活动也称外展服务。外展的目标之一是减少观众的消耗，但为了参加馆外活动仍需投入一些精力。因此，每一次项目参与都被计为一人次，馆外项目亦是如此。假设一个陶瓷工作坊有六场活动，项目参与者参加了所有场次，就被算作六次博物馆参与。

30. 博物馆参与可分为参观和项目参与。根据这一定义，董事会会议、志愿者轮班、与资助官员会议及活动场地租借都属于项目，而参与这些活动的个人都是项目参与者。

31. 馆内参观人数包括来到博物馆现场的参观者和项目参与者人次。来馆动机的不同是两者的主要区别（他们主要是来参观还是参加项目？），且通常会在博物馆交易记录中反映出来（他们是购买门票、支付项目费用，还是领取参会证？）。展览门票有各种类型，包括免费、学校团体票（基本门票＋项目费用）及套票。这些多地点参观并不会增加实地参观量，也不会增加参观人次。

社区、观众和支持者

32. 博物馆的社区、观众和支持者是其活动的直接受益者，他们参与博物馆各项活动并从中获取有价值的益处。

a. 非使用者和后世公众作为间接受益者，也可以从博物馆活动中获益。

33. 博物馆影响和效益的预期受众是博物馆的观众，有时也被称为用户。其核心观点是参加博物馆活动会对观众产生更好的影响和/或益处，即韦尔所说的"如何让人们的生活变得更好一些"（Weil，2000，10）。

a. 按门票/注册的主要类型，可将观众分为参观者和项目参与者。

34. 博物馆社区是指博物馆广泛的社会影响的预期受益者，或是博物馆试图影响或服务的利益相关群体，有时也被称为其社会、成分和授权环境。本书尽可能宽泛地对社区一词加以界定：外部世界。当然，每家博物馆都会明确其所服务的社区。美国国立海军陆战队博物馆（National Museum of the Marine Corps，弗吉尼亚州三角镇）至少为两大社区服务：周边居民和全球范围内隶属于美国海军陆战队的人群。

a. 当使用对社会公益的贡献和公共价值的增益此类术语来讨论博物馆对社会的潜在影响时，社区一词是指全体公众和社会。

b. 当一座城市博物馆将其所在城市和地区视作其社区，则可以通过人口和市场数据来量化其居民社区。

c. 如果一座博物馆每年接受来自政府机构的大力支持，如圣何塞历史博物馆、爱荷华州立历史博物馆分别从圣何塞市和爱荷华州获得资助，博物馆也明智地将城市或州作为其社区，为该地区的纳税人提供服务。

d. 社区一词也可以用来指代特定的关系密切的群体，如苗族社区、科学技术社区、捐赠者群体、毗邻社区、弱势群体、丘吉尔主义者群体、家庭教育者群体等。

35. 博物馆的私人或公共支持者是指从经济上资助博物馆的组织和个人。理想的情况是，这些支持者往往与博物馆有着共同的目标，并希望对共同的观众群体产生类似的影响。社会投资反映了近期的一种趋势，即将支持性基金等同于可量化的社会成果（Raymond，2010），且支持基金可与成果挂钩，如一项受到基金资助的项目，其学习成果是对观众产生预期影响。

a. 支持者通过博物馆来推动其慈善目标，并从博物馆合作伙伴及参与中获得其他效益，如知名度和关系网建设。

36. 许多基于地区和城市的博物馆仰赖其地理意义上的居民市场及组织来获得其主要观众和支持者。居民市场可以有效地被划分为核心市场（可选）、一级市场、次级市场、一日游者、游客及学生。

a. 核心市场适用于博物馆紧邻的社区或城市中心区域与一级市场有差异的情况。核心市场可能是整个城市的人口。

b. 一级市场是指博物馆所在城市周边较大区域内的居民，一般在市中心通勤距离以内。

c. 二级市场是指居住在一级市场或核心市场以外，但仍在电视台所覆盖的媒体市场范围内的居民。

d. 一日游者是指那些生活在媒体市场之外，但又不是远到无法当天开车来回的人们。

e. 游客居住于远离市场的地方，需要在博物馆所在区域过夜。

f. 学生是指作为学校或青少年团体的一份子前来的观众。由于儿童既可由学校团队组织前往，也可由家长带领，因此这一市场需要分开计算。

37. 一日游者和游客在不同市场的统计不尽相同，通常由商会、旅游和经济发展机构进行统计。一些旅游胜地在游客统计方面大有作为，如檀香山，但有些地方则无须如此。对于一日游者和游客的界定也不及居民人口那般标准和严格。

38. 核心统计区（CBSA）和指定市场区（DMA）均是在美国较为实用的市场数据标准，这些市场数据包括人口（含年龄和种族）、收入、家庭购买力、心理特征、态度等。两者通常都是基于县界来划定的，CBSA 覆盖了城市中较大的都会区，DMA 则包括了 CBSA 周边更广泛的区域。

a. 美国政府对 CBSA 的官方定义如下："都市或微型都市统计区（都市区或微型都市区）是由管理和预算办公室（OMB）划定的地理区域，便于联邦统计机构收集、编制和发布联邦统计数据。'核心统计区'（CBSA）一词是都市和微型都市区的总称。一个都市区包含一个 5 万或以上人口的核心城区，而微型都市区包含 1 万以上（5 万以下）人口的核心城区。每个都市区或微型都市区由一个或多个县组成，包括内含核心城区的县以及城市核心社会和经济高度一体化（通过通勤来衡量）的邻县。"

b. CBSA 有时被称为都市/微型都市统计（Metro/Micro Statistical Areas，简称 MSA）。

c. 指定市场区（DMA）是指城市媒体能够覆盖的 CBSA 周边的较大区域，通常与电视台的覆盖范围一致。与 CBSA 一样，DMA 也按县界划定。一般而言，DMA 包括的县比 CBSA 更多，两者人口范围的差异在于二级市场。尼尔森媒体研究（Nielsen Media Research）将 DMA 定义为"一个本县电视节目占据收看总时数主导地位的专属地理区域"。面对有线电视和数字设备的兴起，这一市场已不再如昔日那么重要，但 DMA 的范围仍可用来界定一座城市影响力和吸引力的外部界限。

39. 市场比例是将博物馆运营数据除以居民市场数值所得，不包括游客和一日游者。倘若地区旅游业发生重大变化，或是与同行博物馆处于不同的旅游市场，那么需要对市场比例的变化打一个问号。

价值交换

40. 关于价值问题的讨论要从"对谁的价值"入手。例如，在博物馆展览中，参观体验对于观众而言是有价值的，而让观众了解展览的内容对一些支持者及更广泛的社区也有价值。博物馆活动产生的影响和效益即是对他人的价值所在。

41. 价值判断因人而异，而不由价值提供者决定。一座博物馆无法设定自己的价值，但可以就其对于社区、观众和支持者的价值相关的指标进行评估。

42. 韦尔认为，博物馆的价值在于其影响（Weil，2005）。然而，博物馆的价值实际上是通过效益的价值来体现的。由于价值是由观者来判断的，因此任何评估都必须首先了解社区及其观众、支持者对其感知利益的价值判断，然后再考察这些结果是否与博物馆预期影响的评估有关。有时，预期影响与感知效益能够达成一致，如在儿童博物馆的案例中，博物馆与观众都希望儿童得到发展，影响和效益就是一致的；反之亦然，如水族馆的案例。出于战略或倡导的原因，某种程度的不一致可能是积极的。

43. 博物馆是自由选择市场中的组织。没有人必须前往博物馆、购买门票，或是资助博物馆。公众和组织之所以选择参与博物馆活动，投入时间、精力和金钱，是为了换取感知效益。

44. 通过对 MIIP 1.0 的分析可知，博物馆主要有四类影响：公共领域影响惠及社区乃至全社会；私有领域影响有益于追求公共影响的企业、捐助者和私人基金会；个人影响则让个人、家庭、居民受益。博物馆活动也会使博物馆获得机构性的益处，如资源的增加或绩效的改善，即产生机构影响。

45. 博物馆的感知价值是其社区、观众和支持者对参加博物馆活动所获的益处和影响的价值判断，通常是对他们收获的定性表述。交换价值是社区、观众和支持者实际为其所获益处而交换的时间、精力和/或金钱的量化表示。交换价值是感知价值的指标之一。

精力、时间和金钱

46. 博物馆社区及其观众和支持者为所获效益投入的时间、精力和金钱的变化，反映了他们对益处的感知价值的变化。

47. 博物馆关键服务市场是其业务开展和外部运营收入的主要来源。外部服务市场主要有三大类：（1）整个社区、（2）观众、（3）支持者。外部服务市场可以但不必与博物馆主要社区、观众和支持者群体保持一致，只是两者的巨大差异可能难以为继。博物馆本身是一个内部市场。

48. 当关键服务市场所获益处与预期影响一致，则影响的（数）值可通过效益的交换（数）值来表示。根据两者差异的大小，影响的（数）值也会不同程度地降低。

49. 精力是由前往参加博物馆发起的一项或多项活动的人次

来衡量的。就像实地博物馆参与一样，人次是指非博物馆雇员或合同工个人前往博物馆或博物馆发起的馆外项目的一次实体（非虚拟）旅程。

a. 参与人次与实地博物馆参与数相等。

50. 停留时间可以通过记录观众每次博物馆参与从抵达至离开现场的时长（以分钟为单位）来评估。停留时间尚未被纳入日常评估或报告范围。

51. 为博物馆运营活动所支付的费用作为外部经营收入计算。根据经济学的主观价值理论（Menger，1871），这些钱是博物馆对于直接受益者的货币价值。收入指标反映了博物馆社区、观众和支持者愿意为所获的个人、私有及公共领域效益而支付的资金。

52. 博物馆的商业模式是指为其社区、观众和支持者提供各种活动和益处，以作为所投入资金的回报。

53. 收入领域可分为经营性收入、支持性收入和资本资产净收入（如捐赠、知识产权或租赁收入）。

a. 会计学实务将政府和非政府资助区分为公共领域和私有领域收入。来自个人效益的收入通常被归为经营性收入。

54. 捐赠收入和其他资本资产净收入可以算入博物馆外部运营收入，并纳入运营总收入。拥有大笔捐赠的博物馆可以内部消化大部分运营成本，从而减少对社区、观众和支持者提供的外部竞争性市场资金的依赖。相反，没有收到捐赠的博物馆必须对其社区、观众和支持者做出积极响应。

55. 为博物馆资本项目投入的经费是对博物馆资源的投资，不能被作为与博物馆运营活动相关的运营收入。

56. 为了评估的一致性和样本容量，与博物馆财政年度同步的年度总数是首选指标。一些博物馆协会根据其会员提交的相关资料对年度总数进行报告。

57. 社会投资回报（ROSI）是一个常见的非营利组织 KPI，是影响力（数）值与成本之比。在很多情况下，它更多的是一个概念而非比值，这是因为价值和成本可以是无形的（如冒着生命危险医治埃博拉病毒感染者），但也有一些 ROSI 可以被量化，如计算博物馆参与和收入年度预期增长与大型临时展厅的资本成本之比。

58. 博物馆资本资产的数额或有形价值均出自财务报表。然而，这些数值大多是折旧后的资本投资（如最近的一次扩建或展厅翻修减少了可能的损耗）、捐赠等，若博物馆有幸能获得储备基金、运营资本、设施更换所需资金及风险资本等额外资本，也属于博物馆资本资产。如果原始建筑被完全折旧，通常不会再出现在账簿上，土地的地产价值、藏品的价值及博物馆非营利性税收状况也不在账簿登记。有充分的论据表明应采用一种比资产负债表更好的资本评估，但在比较不同年度的 ROSI 时，客观性和一致性对于博物馆成本的计算非常重要，而资产负债表的数据可能是博物馆总资产最稳定的指标。

参考文献

Birckmayer, Johanna D., and Carol Hirschon Weiss. "Theory-Based Evaluation in Practice: What Do We Learn?" *Evaluation Review* 24, no. 4 (August 2000): 407–31.

Falk, John H., and Lynn D. Dierking. *Learning from Museums: Visitor Experiences and the Making of Meaning*. Walnut Creek: AltaMira, 2000.

——. *Museum Experience Revisited*. Walnut Creek: Left Coast Press, 2012.

Falk, John H., and Beverly Sheppard. *Thriving in the Knowledge Age: New Business Models for Museums and Other Cultural Institutions*. Lanham, MD: AltaMira, 2006.

Hein, George E. "Museum Education." In *A Companion to Museum Studies*, by S. MacDonald. Oxford: Blackwell, 2006.

ICOM Statutes. *Development of the Museum Definition according to ICOM Statutes (2007–1946)*. August 24, 2007. Accessed November 11, 2014. http://archives.icom.museum/hist_def_eng.html.

Menger, C. *Principles of Economics*. New York: New York University Press, 1871.

Peniston, William A. *The New Museum: Selected Writings by John Cotton Dana*. American Alliance of Museums Press, 1999.

Raymond, Susan U. *Nonprofit Finance for Hard Times: Setting the Larger Stage*. Hoboken: Wiley, 2010.

Weil, Stephen. *Making Museums Matter*. Washington, D.C.: Smithsonian Institution, 2002.

——. "A Success/Failure Matrix for Museums." *Museum News* (January/February 2005): 36–40.

一. "Transformed from Cemetery of Bric-a-Brac." In *Perspectives on Outcome Based Evaluation for Libraries and Museums*, 4-15. Washington, D. C.: Institute of Museum and Library Services, 2000.

附录 B MIIP 1.0 的源文档

MIIP 1.0 的 1 025 项指标分别来自 51 个出处。附录 B 列出了来源和指标的编目，首先对来源的类型加以描述，再进一步罗列了 51 个来源及其经过编目的指标。

源文件类型

数据采集字段（2 个来源，共计 209 项指标，标注为 "2/209"）：这两大来源吸收了其他调研、同行改进和/或多年以来发展的精华。AAM 调查（2012）经过数十年的发展，参与的博物馆和 AAM 统计人员的投入颇大。白橡木研究所和美国博物馆联盟的 59 项博物馆运营数据标准（Jacobsen et al.，2011）是对另外 10 个国际博物馆协会调查中的 1 000 多个数据采集字段进行汇总和同行评审而成的。

评估标准（9/113）：源自基金会、机构（NSF、UNESCO、凯洛格基金、国家研究委员会）以及非营利组织和私有企业的建议，如 S. M. A. R. T. 目标管理法。众多此类标准构建了项目官员和同行评审公认、专业评估人员理解的评估语言体系。

机构评估（4/153）：源自四个综合性博物馆成就评估体系，

其中的每一套评估体系都是由经验丰富的博物馆管理人员历经时日制订的，包括了一系列指标清单，供领导层和利益相关者用来对博物馆进行年度评估。如印第安纳波利斯儿童博物馆（Sterling，1999）、艺术博物馆成功指标（Anderson，2004）、芬兰赫尤里卡（Heureka）博物馆关键绩效指标（Persson，2011）、威斯康星历史学会（2013）。

基金会目标（4/20）：是潜在资助者的目标宣言，需要博物馆给予认真关注，以激发或延续支持和资助。这些指标来自英国威尔士政府、美国国家科学基金会、美国国家研究委员会及美国博物馆和图书馆服务协会（IMLS，Semmel）。

管理资源（2/56）：包括英国博物馆、图书馆和档案馆委员会的指标工具包和美国儿童博物馆协会的在线基准计算器（2011）。白橡木研究所对其进行了字段评审及标准化 KPI 目录检测，并撰写了比较报告。

建议指标（16/136）：源自博物馆行业的正式出版文献（期刊文章和图书），它们由博物馆领导者和思想家撰写，也为其服务。由于博物馆行业的不断发展，并受不确定经济的影响，最优秀的人才一直致力于构建改善影响力和绩效的理论和可行方法。颇具影响力的博物馆领域作者〔如约翰·福尔克、罗伯特·珍妮斯（Robert Janes）、贝弗利·谢泼德、埃姆林·科斯特（Emlyn Koster）、玛丽·埃伦·蒙利、贝弗利·瑟雷尔（Beverly Serrell）和卡罗尔·斯科特〕将根据其经验总结出这些建议指标。来自更为广泛的商业和非营利领域的分析师也构建了久经检验的体系，如费雷德里克·雷奇汉（Fredrick Reichheld）的净推荐值和杰森·索尔的非营利组织基准。

研究结果（14/339）：源自政府机构、博物馆协会和单体博物馆委托进行的综合性调查。这些结果通常来自普通公众及博物馆观众和支持者。关于博物馆及其价值的观点来自新西兰、荷兰、英国、美国及两项关于经济影响的全球性研究。此外，PISEC家庭学习指标及佩卡里克（Pekarik）、多林（Doering）和卡恩斯（Karns）（1999）的观众满意度综合调查结果也纳入了这一类型。

在51个来源中①，有15项涵盖的范围大于博物馆领域，如非营利组织或K-12体系。有些指标需要进行调整以适应博物馆需要，有些则可能并不适用，如"在本科和研究生水平的STEM专业中少数群体学生（under-represented students，简称URS）的情况"（♯238）。MIIP 1.0对这类非博物馆特定指标加以保留以确保来源的完整性，为未来的博物馆用户提供其他领域有效的指标，并融入美国文化和非营利领域更宏大的主题之中，如指标♯238提醒我们：扩大参与的预期目标需要能够评量各个层面参与情况的指标。

由于研究人员的因素造成了一小部分指标的重复，包括对其他研究者的横向问题（如史蒂文森和约科）、对前期工作的更新（斯科特和特拉弗斯）或是采用标准数据定义的调查（AAM和MODS）。如果重复指标适用于不同标签，则重复项会被标记为另一个标签。结果显示，大部分指标都是独一无二的，这反映了博物馆行业标准化的缺失，而这实际上是一个亟须解决的问题。

---

① MIIP 1.0的51个源文件在附录B的前面部分也有引用。（译者注：原书中未见此脚注在正文中的位置，译者据正文内容推测位于此处。）

一、数据采集字段（209）

1. 美国博物馆联盟，在线博物馆基准 2.0 版。包括了指标 1—130。

2. 白橡木研究所和美国博物馆联盟，博物馆统计的推荐数据采集字段：IMLS 国家博物馆普查，也被称为博物馆运营数据标准（MOD 1.0）。包括了指标 131—209。

二、评估标准（113）

3. Berger, K., Penna, R., & Goldberg, S. (2010). The Battle for the Soul of the Nonprofit Sector. Philadelphia Social Innovations Journal. 包括了指标 210—215。

4. Clewell, B., & Fortenberry, N. (Eds.). (June 30, 2009). Framework for Evaluating Impacts of Broadening Participation Projects. 包括了指标 216—251。

5. Doran, G. T. (1981). There's a S.M.A.R.T. Way to Write Management's Goals and Objectives. Management Review 70(11) (AMA FORUM): 35-36. 包括了指标 252—256。

6. McCallie, E., Bell, L., Lohwater, T., Falk, J. H., Lehr, J. L., Lewenstein, B. V., Needham, C., & Wiehe, B. (2009). Many Experts, Many Audiences: Public Engagement with Science and Informal Science Education. A CAISE Inquiry Group Report. Washington, D. C.: Center for Advancement of Informal Science Education (CAISE), 12-13. 包括了指标 257—260。

7. Mulgan, G. (2010). Measuring Social Value. Stanford Social Innovation Review. 包括了指标 261—267。

8. National Research Council. (2013). Monitoring Progress Toward Successful K-12 STEM Education: A Nation Advancing? Washington, D. C.: The National Academies Press. 包括了指标 268—281。

9. The National Science Foundation. (2012, 2013). Grant Criteria from Grant Solicitation Advancing Informal STEM Learning (AISL) Solicitation NSF 13-608 and NSF 12-560. 包括了指标 282—293。

10. United Nations Educational, Scientific and Cultural Organization (UNESCO). (July 11-14, 2012). Expert Meeting on the Protection and Promotion of Museums and Collections. 包括了指标 294—310。

11. W. K. Kellogg Foundation. (2004). Logic Model Development Guide. 包括了指标 311—322。

三、机构评估(153)

12. Anderson, M. (2004). Metrics of Success in Art Museums. Paper commissioned by the Getty Leadership Institute, J. Paul Getty Trust. Copyright © 2004 Maxwell L. Anderson. 包括了指标 323—424。

13. Children's Museum of Indianapolis. (1999). 25 Indicators of Success. Sterling, P., in personal correspondence with the author. 包括了指标 425—453。

14. Persson, P. E. (2011). Rethinking the Science Center Model? The Informal Learning Review 111 (November-December 2011). 包括了指标454—465。

15. Wisconsin Historical Society. Division of Executive Budget and Finance Department of Administration. (2013). State of Wisconsin Executive Budget for the Wisconsin Historical Society, 245. 包括了指标466—475。

四、基金会目标（20）

16. CyMAL—Museums Archives and Libraries Wales, UK. (2010). A Museums Strategy for Wales. 包括了指标476—481。

17. Duschl, R. A., Schweingruber, H. A., & Shouse, A. W. (Eds.). (2007). Taking Science to School: Learning and Teaching Science in Grades K–8. Committee on Science Learning, Kindergarten through Eighth Grade. National Research Council, Board on Science Education, Center for Education. Division of Behavioral and Social Sciences and Education. Washington, D.C.: The National Academies Press. 包括了指标482—487。

18. NSF EHR Core Research (ECR) NSF EHR Program Announcement 13-555. 包括了指标488—491。

19. Semmel, M. L., & Bittner, M. (2009). Demonstrating Museum Value: The Role of the Institute of Museum and Library Services. Museum Management and Curatorship. 包括了指标492—495。

五、管理资源(56)

20. Association of Children's Museums, White Oak Institute and Advisory Committee Leaders. (2011). Key Indicators and Benchmark Calculator. Developed under an Institute of Museum and Library Services grant under the 21st Century Museum Professionals program. 包括了指标496—522。

21. Museums, Libraries and Archives Council. Inspiring Learning: An Improvement Framework for Museums, Libraries and Archives Toolkit. 包括了指标523—551。

六、建议指标（136）

22. Browne, C. (2007). The Educational Value of Museums. New England Museum Association Annual Conference. 包括了指标552—557。

23. Coble, C. (2013). North Carolina Science, Mathematics, and Technology Education Center. Strategies that Engage Minds: Empowering North Carolina's Economic Future. 包括了指标558—562。

24. Davies, S., Paton, R., & O'Sullivan, T. (2013). The Museum Values Framework: A Framework for Understanding Organizational Culture in Museums. Museum Management and Curatorship 28(4): 345-61. 包括了指标563—570。

25. Falk, J. H., & Sheppard, Beverly K. (2006). Thriving in the Knowledge Age: New Business Models for

Museums and Other Cultural Institutions. Lanham, MD: AltaMira Press. 包括了指标 571—574。

26. Jacobsen, J., Stahl, J., & Katz, P. (2011). Purposes Framework from the Museum Census Roadmap including MODS 1.0 White Oak Institute and the American Association of Museums for the Institute of Museums and Library Services for Museums Count: The IMLS Museum Census. 包括了指标 575—598。

27. Janes, R. (Fall 2011). Museums and the New Reality. Museums & Social Issues 6(2): 137-46. Left Coast Press. 包括了指标 599—604。

28. Koster, E., & Falk, J. (2007). Maximizing the External Value of Museums. Curator 50: 191-96. 包括了指标 605—609。

29. Moore, M. (1995). Creating Public Value: Strategic Management in Government. Cambridge, MA: Harvard University Press. 包括了指标 610—612。

30. Munley, M. E. The Human Origins Initiative (HOI). What Does It Mean to Be Human? MEM & Associates for National Museum of Natural History. 包括了指标 613—616。

31. Noyce Leadership Institute. (April 18, 2011). 集合社区影响 1 和 2。包括了指标 617—640。

32. Reichheld, Frederick F. (December 2003). One Number You Need to Grow. Harvard Business Review. 包括了指标 641。

33. Saul, J. (2004). Benchmarking for Nonprofits: How to Measure, Manage, and Improve Performance. St. Paul, MN: Fieldstone Alliance Publishing Center. 包括了指标642—645。

34. Scott, C. A. (2009). Exploring the Evidence Base for Museum Value. Museum Management and Curatorship. 包括了指标646—673。

35. Serrell, B. (May 15, 2006). Judging Exhibitions: A Framework for Assessing Excellence. Left Coast Press. 包括了指标674—677。

36. Serrell, B. (March 15, 2010). Paying More Attention to Paying Attention blog. Posted on informalscience. org: Learning Sciences. 包括了指标678—686。

37. Sheppard, S., Oehler, K., Benjamin, B., & Kessler, A. (2006). Culture and Revitalization: The Economic Effects of MASS MoCA on Its Community. Center for Creative Community Development. 包括了指标687。

七、研究结果(338)

38. Borun, M., Dritsas, J., Johnson, J., Peter, N., Wagner, K., Fadigan, K., Jangaard, A., Stroup, E., & Wenger, A. (1998). Family Learning in Museums: The PISEC Perspective. Philadelphia: PISEC c/o The Franklin Institute. 包括了指标688—697。

39. Britain Thinks. (March 2013). Public Perceptions of — and Attitudes to — the Purposes of Museums in Society. Report

prepared by BritainThinks for Museums Association. 包括了指标 698—706。

40. Groves, I. (2005). Assessing the Economic Impact of Science Centers on Their Local Communities. Questacon — The National Science and Technology Centre. 包括了指标 707—733。

41. Ministry for Culture and Heritage. (2009). Cultural Indicators for New Zealand. 包括了指标 734—753。

42. Museums Association. (2013). Museums Change Lives — The MA's Vision for the Impact of Museums. 包括了指标 754—786。

43. Netherlands Museums Association. (April 2011). The Social Significance of Museums. 包括了指标 787—811。

44. Nonprofit Finance Fund (NFF) and GuideStar. 2.0 of Financial SCAN. 包括了指标 812—837。

45. Pekarik, Andrew J., Doering, Z. D., & Karns, D. (1999). Exploring Satisfying Experiences in Museums. Curator: The Museum Journal 42(2): 152-73. 包括了指标 838—851。

46. Persson, P. E. (2000). Community Impact of Science Centers: Is There Any? Curator: The Museum Journal, 43: 9-17. 包括了指标 852—871。

47. Scott, C. (August 2007). Advocating the Value of Museums. Paper presented at INTERCOM/ICOM, Vienna, August 20, 2007. 包括了指标 872—962。

48. Stevenson, D. (2013). Reaching a "Legitimate" Value? A Contingent Valuation Study of the National Galleries of

Scotland. Museum Management and Curatorship, 28（4）: 377-93. 包括了指标963—981。

49. Travers, T., and Brown, R. (2010). Treasurehouse & Powerhouse: A Report for the Natural History Museum. 包括了指标982—989。

50. Travers, T., Glaister, S., & Wakefield, J. (2003). Treasurehouse & Powerhouse: An Assessment of the Scientific, Cultural and Economic Value of the Natural History Museum. 包括了指标990—1006。

51. Yocco, V., Heimlich, J., Meyer, E., & Edwards, P. (2009). Measuring Public Value: An Instrument and an Art Museum Case Study. Visitor Studies 12(2): 152-63. 包括了指标1007—1025。

参考文献

Anderson, Maxwell L. *Metrics of Success in Art Museums*. Los Angeles: The Getty Leadership Institute, J. Paul Getty Trust, 2004.

Persson, Per-Edvin. "Rethinking the Science Center Model." *Informal Learning Review* no. 111（November-December 2011）:14-15.

Sterling, P., in personal correspondence with the author. *25 Indicators of Success*. Children's Museum of Indianapolis, 1999.

Wisconsin Historical Society-Division of Executive Budget and Finance Department of Administration. *State of Wisconsin Executive Budget for the Wisconsin Historical Society.* 2013.

附录 C 博物馆潜在影响：精选案例

对 MIIP 1.0 指标的分析揭示出 12 个广泛的外部服务领域和 2 个内部服务领域。外部服务涉及受益者和资助者。直接受益者并不总是资助者，如基金会或许会出资举办青少年工作坊，对青少年产生直接效益，并通过服务于其目标而对基金会产生间接效益。服务领域可分为公共领域影响（7 项）、私有领域影响（2 项）、个人影响（3 项）及机构影响（2 项）。公共领域影响惠及公众全体，往往由政府或私人基金会资助；私有领域影响主要使商业及企业受益，由经济发展机构或企业赞助；个人影响使个人、家庭和团体受益，其资金源自经营性和支持性收入；机构影响的受益者则是博物馆。

MIIP 1.0 中的 1 025 项指标收集了至少 60 个不同数据内容主题的定量及定性数据，其中许多都包含子主题。博物馆潜在影响的 14 个服务领域涉及了 60 个数据内容主题——这一指标评估的是什么数据？其收集什么信息？有些主题在多个领域出现。表 C.2 按相关主题在 MIIP 1.0 中出现的频次进行罗列。

表 C.1　博物馆潜在影响的类型

	MIIP 指标数量
公共领域影响	
A　扩大参与度	85
B　保护遗产	47
C　强化社会资本	76
D　提高公众知识水平	43
E　服务教育	56
F　推动社会变革	40
G　传播公众认同与形象	27
私有领域影响	
H　助力经济	85
I　提供企业团体服务	9
个人影响	
J　促进个人成长	147
K　提供个人休憩	4
L　欢迎个人休闲	11
机构影响	
M　助益博物馆运营	308
N　构建博物馆资本	87
MIIP 1.0 数据库总指标数	1 025

来源：白橡木研究所

表 C.2 数据内容主题（60）

数据内容主题	指标数	数据内容主题	指标数
1. 收入	72	26. 自豪	13
2. 学习	69	27. 公共价值	13
3. 经济影响	60	28. 解决问题	12
4. 资源	53	29. 行为和态度的改变	12
5. 价值判断	53	30. 治理	12
6. 参观量	45	31. 创新	11
7. 内在价值	45	32. 多元化	9
8. 管理文化	41	33. 资本筹措	8
9. 实物藏品	40	34. 社会进步	8
10. 社区联系	39	35. 倡导某一目标	7
11. 合作关系	29	36. 捐赠	7
12. 绩效	27	37. 拓展观众	6
13. 支出	25	38. 营销	6
14. 知识	25	39. STEM 参与	6
15. 博物馆认同者	22	40. 资产	5
16. 资产负债表	23	41. 促进者	5
17. 设施	21	42. 参与有价值的目标	5
18. 文化认同	19	43. 使命与目标	5
19. 人力资源	19	44. 产出	5
20. 价值指标	19	45. 生活质量	5
21. 可达性	17	46. 授权环境	4
22. 项目	17	47. 环境管理	4
23. 在校 STEM	16	48. 展览	4
24. 基础设施	15	49. 身份描述	4
25. 会员	14	50. 保存记忆	4

(续表)

数据内容主题	指标数	数据内容主题	指标数
51. 象征价值	4	56. 可见赞助	2
52. 藏品属性	3	57. 拓展资源	1
53. 社区重建	3	58. 资本支出	1
54. 使命调整	2	59. 悼念	1
55. 支持特殊需求	2	60. 成效	1
总计			1 025

来源：白橡木研究所

　　频次可以反映出 MIIP 的 51 个来源对每个主题的关注度，但它并不能代表博物馆影响力和绩效指标的重要性或有效性。收入、经济影响和资源位居前五，反映了 MIIP 1.0 中定量财务数据出现的频率；学习和价值判断也排名前五，体现了博物馆领域对教育、对倾听观众和支持者需求的品质承诺。

　　以下几节内容仅是对 MIIP 1.0 的 1 025 项指标的少量抽样，且对相关指标进行了精简。完整的 MIIP 1.0 数据库可从书前的链接获得。请以 MIIP 1.0 为参考，并查找原文以获得准确的语汇/定义。指标编号参见附录 B。

公共领域影响——有益于全体社会和广大公众

　　A. 扩大参与度（85）：提升社会公正和包容性的公共效益是通过此类指标实现的，包括观众多样性、准入政策、包容性、社区联系、管理文化和学习方法。扩大参与度对于自愿选择型学习机构尤为重要，因其可以拓展服务、发展观众，并增加收入。代表性指标包括：免费日天数（♯148）、少数族群的受托人数（♯414）、观众统计与地方人口统计的一致性程度（♯382）以及管理两名以上员工的少数族裔员工的比例（♯327）。

B. 保护遗产（47）：呵护和诠释我们的过去的公共效益是通过对藏品、历史遗迹和文化街区物理和文化上的双重管理实现的。遗产保护有助于增强归属感，了解我们从何而来。博物馆是公共档案的所在地、讲述历史的课堂、财产与藏品的展示处，也是我们记忆的保存地。代表性指标包括：藏品入选作品总数（♯410）、保存和展示见证感动人心的事件的藏品（♯598）、拥有艺术史博士学位的全职员工人数（♯325）以及值得庆祝的成就（♯596）。

C. 强化社会资本（76）：积极的社会资本被定义为"促进互利合作的网络、规范和信任"（Scott，2007，引自 Fukuyama，2002），并"建立人与人之间的信任感"（Ministry for Culture and Heritage，2009，41）。强化社会资本相关指标对博物馆为社区健康及社会网络做出的潜在贡献进行监测，这些贡献通过以下方式得以实现：构建社区关系与合作；为不同群体、世代和文化提供相互学习的场所——每个人都可以将不同的观点带入一个可信、中立的环境中；提供交流和辩论的途径；作为资助者、企业、图书馆、公共机构、教育组织等合作伙伴之间的诚实的中间人；为活动开展提供便利，并与其他组织进行合作，以扩大学习机会，提升对博物馆品牌的信任度。博物馆是社区资本资产的一部分，为其文化、教育和经济基础设施增色。博物馆和其他文化设施通过建立博物馆品质的品牌关系提升公共价值、建立公众信任（Holden，2004）。作为向公众开放的资本密集型实体机构，博物馆是城市资产决算的一部分；作为社区物质文化的收藏者和管理者，博物馆保护着珍贵的物件。代表性指标包括：连接世代与文化（♯790），作为社区聚会场所（♯593），允许公众在安全和轻松的环境中进行交流、讨论和学习（♯996），合作组织数（♯461），倡导举行有益于社会或促进预期社会成果实现的活动的潜力（♯293）以及积极社会资本的发展，即互利合作的网络、规范和信任（♯874）。

D. 提高公众知识水平（43）：相关指标考察的是博物馆在公众、专业信息、学术研究方面的贡献及其对个人、社区及经济的可及性。其中，15项指标涉及博物馆在学术研究方面的贡献。博物馆的声誉源自其可信的专业知识、博物馆工作人员素养以及展览和藏品的质量。代表性指标包括：博物馆全职员工在由专家组编辑的学术期刊上发表的文章数（♯328）、促进学界和博物馆机构间的专业交流（♯295）、提供新的学习和研究模式（♯487）以及科学和人文研究（♯604）。

E. 服务教育系统（56）：相关指标考察的是博物馆通过学生项目、教育活动、STEM学习、学校关系及教育者资源等为正规教育（学校）及博物馆专业人员提供的潜在服务。代表性指标包括：通过学校团体进行实地参观的K-12学生数（♯127）、树立公民行为榜样（♯880）、提高科学素养（♯484）、全职教育人员数量（♯324）、学校教师在课堂上将其列入重要性序列（♯393）、中心提供的教师专业培养是受欢迎的（♯640）。①

---

① 学习成效大多被归于"促进个人成长"类指标。

F. 推动社会变革（40）：相关指标考察的是博物馆在引导公众和社区为社会效益做出改变方面的潜在影响，包括解决社会问题、健康行动、全球环境保护、教育、社会公正、人权、宽容、公平与平等、反歧视、贫困等问题，并以史为鉴，对未来新的生活方式提出设想（Museums Association，2013）。代表性指标包括：利用机构资源解决社区问题（♯594）、对政府政策和优先事项的影响（♯862）、潜在健康成效（包括对质量调整寿命年和患者满意度的可能影响）（♯265）、基金会对非资本支出的资助总额（♯366）以及社会转型和社区参与（♯303）。

G. 传播公众认同与形象（27）：相关指标考察的是博物馆帮助地区、社区或个人对其所期望的身份认同与形象进行思考、讨论、发展和交流的潜在影响。在城市层面，博物馆可以作为一种象征和骄傲，是一种文化认同和地区价值观的反映；在个人层面，博物馆能够形成一种重要的人际关系，是回答"我们是谁"的象征，是我们身份的一部分，也是我们信赖的品牌。代表性指标包括：博物馆赋予"荷兰"品牌一个身份（♯800），彰显地区认同和社区自豪感（♯591），在规划和优先事项中反映地方、区域和国家发展（♯545）以及公共意义的表达（♯946）。

私有领域影响——有益于商业和经济

H. 助力经济（85）：相关指标考察的是博物馆对区域和地方经济的贡献，主要方式有刺激旅游业、增加土地及税收价值、直接支出、社区发展、提供就业机会、发展劳动力及提高生活质量等。一般来说，博物馆的经济影响是对商业的支持，作为连锁反应，就业机会和税收也会相应增加。代表性指标包括：购买地方服务的价值（♯655）；赫尔辛基都市地区以外的观众（♯465）；全职带薪职位（♯109）；由于选择利用博物馆而促进经济繁荣（♯796）；经济发展的社区资产，表明社区对科学和数学的重视（♯719）；作为参与前沿研究的科学家团队的支持者，促进科学家和公众之间的互动（♯724）。

I. 提供企业团体服务（9）：相关指标考察的是博物馆对企业的潜在服务，包括履行社会服务职责，通过赞助将企业品牌与博物馆关联，并为其员工提供进入博物馆的权限。代表性指标包括：可惠及众多企业的重要展览（♯967）；机构在财年末拥有多少企业会员（♯95）；地方企业通过与科学中心合作，获得推广其产品和服务的机会（♯718）；企业会员的续会率（♯97）。

个人影响——有益于个人、家庭和社会团体

J. 促进个人成长（147）：相关指标考察的是个人、团体和家庭从博物馆活动中所获得的能够帮助其提高能力、认识和理解的益处。在12类博物馆外部潜在影响中，涉及促进个人成长这一范畴的指标最多，反映了博物馆行业非常重视针对自由选择的观众的效益。在博物馆中，个人成长可以通过各种方式实现。这一类别中与学习相关的指标最为普遍，这是博物馆作为非正式学习场所的承诺，也反映了AAM对于教育的优先考量（Hirzy, 2008）。教育是指教师想要传授的，而学习则是个体渴望得到的。博物馆可以帮助公众学习并发展他们的能力、知识、视野、联想及社会和家庭洞察力。这一领域还包括了博物馆可以为观众和项目参与

者提供的内在益处,如主张、归属、启迪、激动、敬畏、愉悦、观点、反思、满足与意义。博物馆还可通过志愿者等方式让个人参与到有价值的活动中来。代表性指标包括:利用服务和设施来发展其知识和理解(♯541);被美所打动(♯845);在普遍真理中发现"个人信仰"(♯944);机构吸引了多少青年志愿者,每年志愿服务时长为几小时(♯556);形成职业方向(♯856);看到稀有/不寻常/珍贵的东西(♯848);想象其他时空(♯842);提供跨代学习的机会(♯585);为成人及家庭观众提供展览、剧场及项目(♯584);观众在十大重要藏品前停留的平均时间(♯380);认为参观体验超过预期的观众比例(♯390)。

K. 提供个人休憩(4):相关指标考察的是个人、团体和家庭从博物馆活动中获得的能够帮助其找到舒适感、安全和安静地独处或从日常压力中解脱的益处。代表性指标包括:感受到精神上的联系(♯841);保存纪念碑或神圣之物,并为寻求慰藉的人提供喘息之机(♯597);提供一种无形愉悦——如释重负的感觉(♯377)。

L. 欢迎个人休闲(11):相关指标考察的是个人、团体和家庭从博物馆活动中获得的能够帮助其放松、娱乐的益处。主题公园、电影院及其他娱乐中心也可以提供这些服务。代表性指标包括:参观博物馆很有趣(♯811)、博物馆提供探索和娱乐(♯809)以及舒适度——打开通往其他积极体验的大门(♯674)。

机构影响——有益于博物馆自身

M. 助益博物馆运营(308):指标考察的是博物馆年度运营活

动。其中，有些数据会被用于审计和绩效、效率评估，这些指标的数据会阶段性地变化，至少每年进行一次报告；有些则会在博物馆年报中加以呈现。与博物馆运营相关的考察指标远多于其他方面，这反映出人们对于博物馆及其人员、藏品、设施和预算运行情况的天然关注。收入、支出、人力资源数据、参观量、活动列表、管理文化、营销、绩效和价值判断是这类指标的主要特征。代表性指标包括：财年末实地参观总数（♯128）；主要观众（清单）（♯153）；项目分析（♯1）；参与者人数（♯430）；在线编目的馆藏比例（♯471）；谁支付了博物馆建筑主要的运营和维护费用（♯7）；每年经董事会正式投票通过的战略规划（♯425）；通过员工培养和评估证明博物馆、档案馆或图书馆是一个学习型组织（♯542）；在一年内离职的员工人数占雇员总数的比例（♯453）；参观量与设施面积、展厅面积的比例（♯496）；贵机构常用以下哪类在线/虚拟平台与公众进行互动（♯126）；收入类型，包括经营收入、私人支持、公共支持、捐赠/利息收入（♯519）；来自行业专家组颁发的政府资助的总额（♯367）。

N. 构建博物馆资本（87）：相关指标考察的是博物馆长期资源和资产，包括有形的（设施、捐赠）和无形的（品牌声誉、博物馆类型、电子邮件地址）。这类指标罗列了博物馆是什么、拥有什么。其中有些指标反映在决算表中，计算资本资产、社区资源清单、公共效益构成，跟踪资本活动、管理与上级组织、机构数据（地址、正式名称、邓氏编码）、长期社会信托、内部专业技能、管理文化，并清点博物馆藏品、场地空间、占地及美元储备。代表性指标包括：对其加以落实的国家法律和政策（♯299）；财年初的捐赠价值（♯83）；总建筑面积（范围及编号)(♯159);认为董事会与馆长、员工之间有明确分工,并能清楚地界定去年所做决定的受托人的百分比(♯422);以下哪项最适合用来描述您的机构(♯93);在当地社区成员中将博物馆作为重要资产的排名(♯394);您的机构是否通过 AAM 认证(♯90)。

参考文献

Hirzy, E. C. (2008). *Excellence and Equity: Education and the Public Dimension of Museums*. American Alliance of Museums.

Holden, John. "Capturing Cultural Value." *Demos* (2004). Accessed November 4, 2014. http://www.demos.co.uk/files/CapturingCulturalValue.pdf.

Ministry for Culture and Heritage. 2009. Cultural Indicators for New Zealand.

Museums Association. "Museums Change Lives." July 2013. Accessed November 4, 2014. http://www.museumsassociation.org/download?id=1001738.

Scott, Carol. "Advocating the Value of Museums." *INTERCOM*. August 2007. Accessed November 4, 2014. http://www.intercom.museum/documents/CarolScott.pdf.

附录 D 评估公式示例

此附录包括了 KPI 公式和工作表示例,其有助于指导您按"第二部分 实践"中描述的步骤开展工作。

数据公式示例

表 D.1 感知效益受益者的价值指标

停留时间=所花时间的(数)值(在现场的人均分钟数)
参与=所花精力的(数)值(前往现场的人次)
收入=所花资金的(数)值(美元)

表 D.2 KPI 公式示例

$\dfrac{影响}{资源}$ = 资源的效率。如果按博物馆总影响力与资源计算,由于两者包括了无形影响和资源,因此这将是一个概念性或假想的数值

$\dfrac{收入}{资本资产}$ = 所有资源生产力的潜在指标。影响和资源的子集可被量化

$\dfrac{收入}{支出}$ = 运营效率(利润、收益性)

$\dfrac{KPI_M}{KPI_{Peer}}$ = 同行绩效指数(PPI)是您博物馆的 KPI_M 与同行博物馆平均值 KPI_{Peer} 的比例。若 PPI>1.0,则博物馆绩效高于同行;若 PPI<1.0,则低于同行。需要注意的是,在有些情况下较低的值更为可取

$\dfrac{博物馆总参与量}{都市核心统计区人口}$ = 较大区域内居民投入精力的潜在指标

(续表)

$\dfrac{\text{专家型观众}}{\text{年度交换的变化}}$ = 通过具有专业性的个体（拨款官员、教师等）的累计选择来反映影响力和效力变化的潜在指标

$\dfrac{\text{支出}}{\text{参与量}}$ = 博物馆参与的平均成本，是反映效率和/或质量的指标

$\dfrac{\text{博物馆参与}}{\text{全职（FTE）员工}}$ = 每位员工对应的参与数，反映了服务水平、过劳员工和/或服务优劣

$\dfrac{\text{经营收入}}{\text{营销投资}}$ = 每美元营销投入所获的收入（美元），是营销效率的潜在指标

$\dfrac{\text{经营收入的变化}}{\text{营销投入的变化}}$ = 营销有效性的潜在指标

$\dfrac{\text{支持性收入}}{\text{发展成本}}$ = 每美元发展资金募集的支持（美元），是发展效率的潜在指标。也是一项常用的可供比较的 KPI

$\dfrac{\text{学校团体参观量}}{\text{CBSA 或 DMA 学校人口年级[ ]-[ ]}}$ = 服务学校人口的市场比例，假设大部分学校团体都在指定统计区域（DMA）内。该指标的变化可以反映价值的波动。当与同行博物馆进行比较时，核心统计区（CBSA）人口数字可能更易获取

$\dfrac{\text{人均经营收入}}{\text{都市家庭可支配收入}}$ = 这一比例与博物馆 KPI 与相对市场指标相关，将 KPI 置于大背景之中，即经营性收入与其他消费产品一样，会受都市可支配收入影响

$\dfrac{\text{服务学区}}{\text{总行政区}}$ = 博物馆为行政区学校提供服务的水平。对于倡导提升公共资助和 K-12 观众群体可及性十分重要

$\dfrac{\text{收入中公共资助的占比}}{\text{博物馆领域的全国平均值}}$ = 同行博物馆是否从其政府获得更多或更少的支持？

$\dfrac{\text{门票总收入}}{\text{总参观数（含免费）}}$ = 平均票价（ATP）是一项常用 KPI。较高支出/参观费可对附加效益进行量化

$\dfrac{\text{博物馆商店收入}}{\text{实地参观量}}$ = 在博物馆商店的人均花销

$\dfrac{\text{总支出}}{\text{总面积（GSF）}}$ = 每平方英尺设施的运营支出。常用来对同行间的预算等级进行比较和粗略排序

$\dfrac{\text{公共事业成本（能耗）}}{\text{GSF}}$ = 一项反映碳足迹的指标，也是常用于监测绿色环保情况的 KPI，以单位面积能耗（\$/GSF）的下降为目标

（续表）

$\dfrac{展厅参观量}{展厅净面积（NSF）}=$ 衡量展厅利用率：与同行博物馆相比，较高的数值可能反映了展厅较为拥挤，需要扩建；较低的数值则意味着门庭冷落，展厅利用率不高

$\dfrac{都市人口}{GSF}=$ 对于我们的人口规模来说，博物馆是否过大或过小？这一比例仅在与其他城市同行进行比较时有效

$\dfrac{免费或有优惠补助的公共空间面积}{CBSA 人口}=$ 博物馆作为公共基础的支持性论据，可与其他 CBSA 的同行进行比较

$\dfrac{人力资源部门支出}{全职员工（FTE）}=$ 每位员工的人力资源成本

$\dfrac{工资及福利}{FTE}=$ 平均薪酬及福利

$\dfrac{CEO 薪酬及福利}{最低薪酬及福利}=$ 由他人对博物馆薪资分布进行监测的指标，以了解可能的收入差异和不公平问题

$\dfrac{志愿者轮班数}{志愿者人数}=$ 衡量志愿者承诺及所获效益的指标

$\dfrac{当年合作伙伴数}{上一年合作伙伴数}=$ 或可反映博物馆社区联系的紧密程度。与此同时，该数值的增长可能意味着合作过于分散

附录 E 工作表：博物馆样表及空白表

为了对本附录中工作表的使用方法加以说明，每份工作表均有两个版本：一份空白表供您调整使用，一份"样本博物馆"根据第二部分步骤填写完成的工作表。

关于美国中城样本博物馆的假设

样本博物馆（一个综合同行博物馆数据得出的虚构博物馆）位于中城（MidCity）市中心。这座历史和科学博物馆拥有与地区历史和技术相关的各类藏品，最早作为市立博物馆建立，并于 30 年前私有化，成为符合 501（c）（3）条款的非营利组织。样本博物馆（Sample Museum，简称 SM）室内总面积增至 16.5 万平方英尺，其中 5 万净平方英尺用于展览。该馆收取不同费率的门票和会员费，平均票价为 4.82 美元（当年门票和会员费收入 175.417 万美元，参观量 253 013 人次）。此外，样本博物馆拥有 5 个活动空间、1 个灵活使用的剧场、1 个入口广场、大厅、户外露台、咖啡馆和零售商店。藏品保管、办公室和适当的工作用房和支持性空间也包括在总面积之内。如表 D.3 所示，该馆当年的运营总收入为 645.7536 万美元，共有 86 名全职（FTE）员工，根据 415.7154 万美元的总薪资和福利计算可知，其平均工资为 48 339 美元。

表 E.1　样本博物馆：财务报表

样本博物馆	基准年	当前年	变化
经营性收入	$ 3 256 233	$ 3 313 605	2%
支持性收入	$ 2 856 867	$ 3 143 931	10%
用于运营的捐赠/信托收入	$ 660 448	$ 623 860	−6%
总收入	$ 6 773 549	$ 7 081 396	5%
薪酬及相关支出	$ 4 083 679	$ 4 157 154	2%
其他成本（不包括折旧/分期/融资）	$ 2 452 198	$ 2 878 691	17%
总支出	$ 6 535 878	$ 7 035 845	8%
净结余/赤字	$ 237 671	$ 45 551	−81%

中城的城市边界与县界一致，当年的核心市场人口为 332 565 人。中城周边较广泛的区域（即其核心统计区），包括中城在内，拥有 1 445 920 人。今年，中城失业率高于平均水平。夜间游览略有下降，尽管旅游业并非中城的主要经济驱动力之一。

使命和目标

样本博物馆的使命是激发人们对创意和创新的兴趣和参与度，并对中城和我们的生活的过去、现在和未来产生影响。

鉴于社区需求和环境，博物馆领导层发布了以下三个预期目标：

IP♯1：激发兴趣和参与

IP♯2：为社会公共价值做出贡献

IP♯3：帮助创造经济价值

工作表样表和空白表

样本博物馆根据本书步骤完成的表格在前，这些样表展示了其后空白工作表的使用方法之一。毫无疑问，您的博物馆将呈现截然不同的形式，无须完全模仿样例。仅就样本博物馆的预期目标2（IP♯2）为例加以说明。特意选择样本博物馆的第二项目标作为样例是因为首要目标对于每个独特的博物馆来说都会更为具体。

您可能并不认同虚构的样本博物馆所做的选择。正如您将看到的，样本博物馆与诸多刚着手评估的真实的博物馆一样，面临着各种问题、不能满足的数据需求以及盛衰起伏。

表E.2中呈现了基于上述介绍所应用的所有工作表，按照描述其如何使用的章节排序。

表 E.2　工作表清单

第四章　工作表：组织	
4.1.1 和 4.1.2	影响力矩阵及 MIIP 类型
第五章　工作表：目标和影响	
5.1.1 和 5.1.2	运营收入比较
5.2.1 和 5.2.2	关键观众和支持者群体
5.3.1 和 5.3.2	潜在目标和影响

(续表)

	第五章　工作表：目标和影响
5.4.1 和 5.4.2	潜在影响——短清单
5.5.1 和 5.5.2	行动理论基本原理
	第六章　工作表：KPI
6.1.1 和 6.1.2	KPI 框架
6.2.1 和 6.2.2	潜在 KPI 主表
6.3.1 和 6.3.2	绩效评估基本原理
6.4.1 和 6.4.2	优先 KPI
6.5.1 和 6.5.2	数据字段
6.6.1 和 6.6.2	数据输入日志
6.7.1 和 6.7.2	KPI 计算
	第七章　工作表：同行比较
7.1.1 和 7.1.2	同行博物馆数据
7.2.1 和 7.2.2	同行博物馆 KPI 分析
	第八章　工作表：报告
8.1.1 和 8.1.2	总结报告

注：每张工作表都有两个版本，先由虚构样本博物馆填写，其后是空白表，供您调整和填写。

工作表 4.1.1 影响力矩阵及 MIIP 类型：样本博物馆

我们的优先预期目标	我们的预期影响	比重	A 扩大参与力度	B 保护遗产	C 强化社会资本	D 提高公众知识水平	E 服务教育	F 推动社会变革	G 传播公众认同与形象	H 助力经济	I 提供企业团体服务	J 促进个人成长	K 提供个人休憩	L 欢迎个人休闲
IP#1: 激发兴趣和参与(50%)	本样例中未设定													
IP#2: 为社会公共价值做出贡献(30%)	2.1 树立地区认同	30%	√	√										
	2.2 增强公民联系	40%	√		√							√		
	2.3 丰富生活质量	30%			√				√	√	√	√	√	√
IP#3: 帮助创造经济价值(20%)	本样例中未设定													

工作表状态：☑ 讨论草案　☐ 提议　☐ 推荐　☐ 采纳

工作表 4.1.2 影响力矩阵及 MIIP 类型

我们的优先预期目标	我们的预期影响	A 扩大参与度	B 保护遗产	C 强化社会资本	D 提高公众知识水平	E 服务教育	F 推动社会变革	G 传播公众认同与形象	H 助力经济	I 提供企业团体服务	J 促进个人成长	K 提供个人休憩	L 欢迎个人休闲	比重
IP#1:														
IP#2:														
IP#3:														

工作表状态：☐ 讨论草案　☐ 提议　☐ 推荐　☐ 采纳

工作表 5.1.1 运营收入比较：样本博物馆

关键服务市场	财务状况	基准年	运营收入占比(%)	当前年	运营收入占比(%)	当前 VS 基准变化
观众	经营性收入					
观众	门票收入	$1 150 391	19%	$1 223 262	19%	1.06
观众	商店及商品销售	$171 978	3%	$153 945	2%	0.90
观众	会员	$484 949	8%	$530 908	8%	1.09
项目	设施租赁收入	$399 614	7%	$402 618	6%	1.01
项目	项目收入	$941 846	15%	$914 700	14%	0.97
项目	企业	$82 462	1%	$68 980	1%	0.84
项目	其他收入	$24 993	0%	$19 191	0%	0.77
	经营总收入	**$3 256 233**	53%	**$3 313 605**	51%	1.02
公共	支持性收入					
公共	县	$1 062 377	17%	$1 087 677	17%	1.02
公共	州	$247 074	4%	$242 037	4%	0.98
公共	联邦	$61 112	1%	$121 332	2%	1.99
公共	市	$92 889	2%	$75 226	1%	0.81
私有	出资	$384 983	6%	$470 483	7%	1.22
私有	巨额捐赠	$163 855	3%	$253 953	4%	1.55
私有	遗赠	$108 487	2%	$70 415	1%	0.65
私有:企业	企业支持	$736 091	12%	$822 809	13%	1.12

(续表)

关键服务市场	财务状况	基准年	运营收入占比(%)	当前年	运营收入占比(%)	当前VS基准变化
	支持总收入	$2 856 867	47%	$3 143 931	49%	1.10
	运营总收入	$6 113 101	100%	$6 457 536	100%	1.06
资产收益	捐赠+投资收入	$627 547		$603 016		0.96
资产收益	租赁收入	$32 901		$20 844		0.63
	总收入	$6 773 549		$7 081 396		1.05
人力资源	全职员工(FTE)人数	83.5		86		1.03
人力资源	全职管理人员	14		15		1.07
人力资源	预设每年全职工时	2 000		2 000		1.00
人力资源	参与社区工作平均时长(自评)	120		170		1.42
人力资源	社区工作时长占比	6%		9%		1.42
人力资源	社区工作管理总时长	1 680		2 550		1.52
支出:HR	工资及其他支出	$4 083 679	62%	$4 157 154	59%	1.02
支出:其他	其他成本(除折旧)	$2 453 198	38%	$2 878 691	41%	1.17
	总支出(折旧前/分期)	$6 535 878		$7 035 845		1.08
人力资源	员工平均工资及福利	$48 906	4%	$48 339	1%	0.99
	结余/赤字(折旧前/分期前)	$237 671		$45 551		0.19

(续表)

博物馆参与		基准年	运营收入占比(%)	当前年	运营收入占比(%)	当前VS基准变化
观众	门票:					
观众	成人	62 725	20%	58 643	18%	0.93
观众	学生	76 130	24%	77 694	24%	1.02
观众	老年人	13 004	4%	8 437	3%	0.65
观众	嘉宾(免费)	41 882	13%	35 943	11%	0.86
观众	会员	76 245	24%	72 296	22%	0.95
观众	观众门票小计	269 986	85%	253 013	79%	0.94
项目	其他馆内项目	46 060	15%	68 962	21%	1.50
项目	总实地参观量	316 046		321 975		1.02

工作表 5.1.2 运营收入比较

关键服务市场	财务状况	基准年	运营收入占比(%)	当前年	运营收入占比(%)	当前 VS 基准变化
观众	经营性收入					
项目						
公共	经营总收入					
私有	支持性收入					
	支持总收入					
	运营总收入					
资产收益	用于运营的资本资产收入					
	总收入					
人力资源	全职员工(FTE)					
支出:HR	工资及相关支出					
支出:其他	其他成本(除折旧)					
	总支出(折旧前/分期)					
	平均工资及平均相关成本					
人力资源	结余/赤字(折旧/分期前)					

(续表)

博物馆参与		基准年	运营收入占比(%)	当前年	运营收入占比(%)	当前VS基准变化
观众	门票：					
	观众小计					
项目	馆内项目					
	馆外项目					
	项目小计					
	总参观量(实体参与)					

工作表 5.2.1　关键观众和支持者群体：样本博物馆

关键服务市场		参与人数	停留时间	收入
主要观众类型				51%
观众：馆内		**79%**		**30%**
	观众	32%	POS	22%
	会员	23%	POS	8%
	团体（包含学生）	24%	POS	包含
项目参与者：馆内		**21%**		**21%**
	参与者	21%	POS	14%
	租赁者	包含	POS	6%
	团体	DNA	—	1%
项目参与者：馆外		—	—	—
	学校外展活动	—	—	—
项目参与者：虚拟				
主要支持类型		会议	花费时间	**49%**
公共领域支持者				**34%**
	县（=中城）	POS	POS	17%
	州	POS	POS	4%
	联邦	POS	POS	2%
	市	POS	POS	1%
私有领域支持者				**25%**
	巨额捐赠和遗赠	POS	POS	5%
	出资	POS	POS	7%
	企业支持	POS	POS	13%
资本资产收入				不含
	捐赠及信托	—	—	—
总计				100%

说明：
DNA（Data not available）：无可用数据或无意义
POS（Possibly be obtained）：可能获得的数据，但当前不可得
—：不适用或未统计
包含/不含：包括在较大范围的小计中

工作表 5.2.2 关键观众和支持者群体

关键服务市场		参与人数	停留时间	收入
主要观众类型				
观众：馆内				
	观众			
	会员			
	团体			
项目参与者：馆内				
	参与者			
	租赁者			
	团体			
项目参与者：馆外				
	学校外展活动			
项目参与者：虚拟				
主要支持类型		会议	花费时间	
公共领域支持者				
	县			
	州			
	联邦			
	市			
私有领域支持者				
	巨额捐赠和遗赠			
	出资			
	企业支持			
资本资产收入				
	捐赠及信托			
总计				100%

说明：
DNA（Data not available）：无可用数据或无意义
POS（Possibly be obtained）：可能获得的数据，但当前不可得
—：不适用或未统计
包含/不含：包括在较大范围的小计中

工作表 5.3.1 潜在目标和影响：样本博物馆

个人成长	将使命宣言粘贴于此：激发人们对创意和创新的兴趣和参与度，并对中城和我们的生活的过去、现在和未来产生影响	博物馆规划	202	终稿 IP♯1	IP♯1
我们的身份	博物馆类型：历史与科学	MIIP 1.0	207	第三轮筛选	IP♯1
我们的身份	"在社区具有知名度和代表性"	社区需求		第三轮筛选	IP♯1
个人成长	决定在他们的生活中做些不同的事	MIIP 1.0	534	第三轮筛选	IP♯1a
个人成长	新的体验	观众		第三轮筛选	IP♯1a
个人成长	创造激励的、可及的学习环境	MIIP 1.0	528	第三轮筛选	IP♯1a
个人成长	激发兴趣和参与	核心团队		第三轮筛选	IP♯1a
个人成长	提供终身学习机会	MIIP 1.0	479	第三轮筛选	IP♯1b
个人成长	提供他们想要的学习机会	MIIP 1.0	531	第三轮筛选	IP♯1b
个人成长	面对其他的观点更有自信、更具质疑精神、更有积极性、更为开放	MIIP 1.0	532	第三轮筛选	IP♯1b
个人成长	利用博物馆、档案馆和图书馆来发展技能	MIIP 1.0	535	第三轮筛选	IP♯1b
个人成长	利用服务和设施发展他们的知识和理解	MIIP 1.0	541	第三轮筛选	IP♯1b
个人成长	发展身份认同	观众		第三轮筛选	IP♯1b
个人成长	家庭服务	支持者		第三轮筛选	IP♯1c
个人成长	"为非常年轻的家长提供服务，以打破贫困"	社会需求		第三轮筛选	IP♯1c
正式学校支持	K-12 前阶段教育的支持	支持者		第三轮筛选	IP♯1d
正式学校支持	为 K-12 学生开发项目	MIIP 1.0	580	第三轮筛选	IP♯1d

(续表)

为社会公共价值做出贡献	为社会公共价值做出贡献	核心团队	终稿 IP♯2	IP♯2
为社会公共价值做出贡献	利用我们在项目方面的优势以及与馆内项目的丰富经验，与其他合作方开发场馆和在线项目	博物馆规划	第三轮筛选	IP♯2a
聚会场所	将场馆打造为一个室内/室外社区活动和聚会的场所，建立新的连接通道，并加强和更新现有结构以符合21世纪博物馆标准	博物馆规划	第三轮筛选	IP♯2
身份	为国家保存、呵护并继续发展代表我们丰富和多样的文化的藏品	MIIP 1.0	476	第三轮筛选	IP♯2a
身份	彰显地区认同和社区自豪感	MIIP 1.0	591	第三轮筛选	IP♯2a
身份	将历史/经验作为相互理解和包容的源泉	MIIP 1.0	595	第三轮筛选	IP♯2a
身份	保存和展示见证感动人心的事件的藏品	MIIP 1.0	598	第三轮筛选	IP♯2a
个人成长	为成年及家庭观众提供展览、剧院及项目活动	MIIP 1.0	584	第三轮筛选	IP♯2a
扩大参与度	观众与社区的多样性	MIIP 1.0	621	第三轮筛选	IP♯2b
扩大参与度	通过合作关系创造新的学习机会	MIIP 1.0	538	第三轮筛选	IP♯2b
为社会公共价值做出贡献	提高生活质量	支持者	第三轮筛选	IP♯2b
为社会公共价值做出贡献	利用机构资源解决社会问题	MIIP 1.0	594	第三轮筛选	IP♯2b
聚会场所	"多样性问题：不同的社会阶层希望避免与另一阶层接触"	社区需求	第三轮筛选	IP♯2b
合作关系	确认合适的合作方并评估通过合作来支持学习产生的效益	MIIP 1.0	524	第三轮筛选	IP♯2b

(续表)

合作关系	成为中城其他高品质组织、企业、大学和学校网络不可或缺的成员和伙伴	博物馆规划		第三轮筛选	IP♯2b
经济发展	**帮助创造经济价值**	核心团队		**终稿 IP♯3**	IP♯3
经济发展	对社会经济福利做出贡献	MIIP 1.0	575	第三轮筛选	IP♯3
扩大参与度	将多样性与扩大参与度作为机构战略规划的核心	MIIP 1.0	239	第三轮筛选	IP♯3a
扩大参与度	邀请博物馆、档案馆或图书馆外人士带来新的观点、拓展诉求与机会	MIIP 1.0	525	第三轮筛选	IP♯3a
扩大参与度	"城市、乡村和郊区之间深深的经济鸿沟——环形圈"	社区需求		第三轮筛选	IP♯3a
个人休闲	与朋友和家人度过的高质量时光	观众		第三轮筛选	IP♯3a
经济发展	参与社区发展	MIIP 1.0	577	第三轮筛选	IP♯3b
经济发展	激发探索与研究	MIIP 1.0	551	第三轮筛选	IP♯3c
经济发展	经济发展：就业	支持者		第三轮筛选	IP♯3d
经济发展	"人口流失——尤其是年轻人。收入级别下滑"	社区需求		第三轮筛选	IP♯3d
劳动力发展	"就业是最大的问题"	社区需求		第三轮筛选	IP♯3d
劳动力发展	促进劳动力发展	MIIP 1.0	578	第三轮筛选	IP♯3d
说明					
观众	=观众的感知效益				
社区需求	=从社区需求访谈获得的观点				
核心团队	=项目团队成员的观点				
MIIP 1.0	=MIIP 数据库的观点				
博物馆规划	=博物馆规划文件				
支持者	=支持者的感知效益				
IP	=预期目标				

工作表 5.3.2 潜在目标和影响

内容组	潜在目标或影响	来源	选集	关联 IP

说明：
观众＝观众的感知效益
社区需求＝从社区需求访谈获得的观点
核心团队＝项目团队成员的观点
MIIP 1.0＝MIIP 数据库的观点
博物馆规划＝博物馆规划文件
支持者＝支持者的感知效益
IP＝预期目标

工作表 5.4.1　潜在影响——短清单：样本博物馆

内容组	指标	来源	选集	IP#
个人成长	将使命宣言粘贴于此：激发人们对创意和创新的兴趣和参与度，并对中城和我们的生活的过去、现在和未来产生影响	博物馆规划	终稿 IP#1	IP#1
个人成长	新的体验	观众	第四轮筛选	IP#1a
个人成长	激发兴趣和参与	核心团队	第四轮筛选	IP#1a
个人成长	利用服务和设施发展他们的知识和理解	MIIP 1.0	第四轮筛选	IP#1b
个人成长	"为非常年轻的家长提供服务，以打破贫困"	社区需求	第四轮筛选	IP#1b
为社会公共价值做出贡献	为社会公共价值做出贡献	核心团队	终稿 IP#2	IP#2
认同和参与	提供他们想要的学习机会	MIIP 1.0	第四轮筛选	IP#2a
认同和参与	为国家保存、呵护并继续发展代表我们丰富和多样的文化的藏品	MIIP 1.0	第四轮筛选	IP#2a
公民联系	将多样性与扩大参与度作为机构战略规划的核心	MIIP 1.0	第四轮筛选	IP#2b
公民联系	"城市、乡村和郊区之间深深的经济鸿沟——环形圈"	社区需求	第四轮筛选	IP#2b
公民联系	确认合适的合作方并评估通过合作来支持学习产生的效益	MIIP 1.0	第四轮筛选	IP#2b
公民联系	认识到博物馆对其社区价值的企业	核心团队	第四轮筛选	IP#2b
公民联系	成为中城其他高品质组织、企业、大学和学校网络不可或缺的成员和伙伴	博物馆规划	第四轮筛选	IP#2b

(续表)

内容组	指标	来源	选集	IP♯
生活质量	为成年及家庭观众提供展览、剧院及项目活动	MIIP 1.0	第四轮筛选	IP♯2c
生活质量	提高生活质量	支持者	第四轮筛选	IP♯2c
经济发展	**帮助创造经济价值**	核心团队	**终稿 IP♯3**	IP♯3
经济发展	参与社区发展	MIIP 1.0	第四轮筛选	IP♯3a
劳动力发展	"就业是最大的问题"	社区需求	第四轮筛选	IP♯3b

工作表状态：□ 讨论草案　　☑ 提议　　□ 推荐　　□ 采纳

工作表 5.4.2　潜在影响——短清单

内容组	指标	来源	选集	IP#

工作表状态：□ 讨论草案　　□ 提议　　□ 推荐　　□ 采纳

工作表 5.5.1　行动理论基本原理：样本博物馆

IP♯	预期目标
2	样本博物馆的第二个预期目标（IP♯2）是为了"对社会公共价值做出贡献"，通过规划社区空间的方式，来实现以下预期影响：(1)强化地区认同和参与；(2)扩大公民联系；(3)提高生活质量
	预期影响
2.1	地区认同和参与得到加强
2.2	公民联系得到扩展
2.3	生活质量得到提升
	行动理论
2	我们的理论是：如果我们将社区中不同的人和组织聚集在一起，进行积极的、面对面的沟通，就能够在个人层面实现前述成果。这种参与的程度越深，经历的次数越多，我们年度项目的累积成果转化为我们所期望的社会影响的可能性就越大。 博物馆将此理论展开以下行动：规划我们灵活的社区空间清单，包括 5 个项目工作室、户外露台，并在晚间开放我们的广场、大厅和礼堂，用来开展旨在将人们和组织聚集在一起的活动安排，如社区集会活动、集市、公共项目、家庭和商业仪式及其他有助于提升社会公共价值的活动。我们将按照指导原则开展这些活动，并对我们的资源负责。
	观众和支持者
2	为了最大限度地发挥我们对 IP♯2（为社会公共价值做出贡献）的影响力和绩效，我们将着重为以下观众和支持者提供服务： • 各年龄段的中城居民 • 有 2—12 岁孩子的地区家庭 • 地区企业和公司 • 社区发展机构和基金会 • 中城及周边县基础设施 • 合作组织，包括 K-12 前阶段体系

工作表 5.5.2　行动理论基本原理

IP#	预期目标
2	_____博物馆的_____预期目标（IP#2）是为了_____，通过_____的方式，来实现以下预期影响：(1) _____；(2) _____；(3) _____
	预期影响
2.1	
2.2	
2.3	
	行动理论
2	我们的理论是：_____ 博物馆将按此理论展开以下行动：_____ _____ 我们将按照指导原则开展这些活动，并对我们的资源负责
	观众和支持者
2	为了最大限度地发挥我们对 IP#2（_____）的影响力和绩效，我们将着重为以下观众和支持者提供服务： • _____ • _____ • _____ • _____ • _____

工作表 6.1.1　KPI 框架：样本博物馆

IP#2：为社会公共价值做出贡献	
2.1	建立地区认同和参与
	KPI 2.1a：在文物藏品保护方面的投入与同行相当
	定期评估：藏品是否建立了地区认同？
	KPI 2.1b：地区居民参与博物馆
	定期评估：居民参与是否建立了地区认同？
2.2	加强公民联系
	KPI 2.2a：博物馆的领导层和团队反映了城市多样性
	定期评估：团队多样性是否造成观众多样性？
	KPI 2.2b：我们的合作关系网络正在成长
	定期评估：合作关系的数量是否反映了公民联系？
	KPI 2.2c：我们的管理人员将5%～10%的时间用于社区工作
	定期评估：其他人是否认识到我们的管理人员加强了公民联系？
	KPI 2.2d：企业像对我们的同行所做的那样支持博物馆
	定期评估：我们的企业支持是否加强了公民联系？
2.3	提高中城市生活质量
	KPI 2.3a：城市居民参与博物馆
	定期评估：居民是否认为参与博物馆会提升其生活质量？
	KPI 2.3b：城市居民认为我们的项目值得推荐给他人
	定期评估：参与者是否认为项目益处很大？
	KPI 2.3c：城市住房价值增速快于地区住房
	定期评估：城市房主是否认为生活质量正在改善？

工作表状态：□ 讨论草案　　□ 提议　　☑ 推荐　　□ 采纳

　　基于运营数据的 KPI 可作为常规监测指标——有些按天，有些按年。评估通常会涉及定期研究，往往会造成相关费用和员工工作时间的增加。策略是利用 KPI 对影响力和绩效的变化进行例行评估，并定期采用其他评估方法来检验每项指标的有效性：KPI 反映的变化是否真的体现了预期影响的变化？

工作表 6.1.2　KPI 框架

IP#2		
2.1	（预期影响）	
	KPI 2.1a：	
	定期评估：	
	KPI 2.1b：	
	定期评估：	
2.2	（预期影响）	
	KPI 2.2a：	
	定期评估：	
	KPI 2.2b：	
	定期评估：	
	KPI 2.2c：	
	定期评估：	
	KPI 2.2d：	
	定期评估：	
2.3	（预期影响）	
	KPI 2.3a：	
	定期评估：	
	KPI 2.3b：	
	定期评估：	
	KPI 2.3c：	
	定期评估：	

工作表状态：□ 讨论草案　　□ 提议　　□ 推荐　　□ 采纳

基于运营数据的 KPI 可作为常规监测指标——有些按天，有些按年。评估通常会涉及定期研究，往往会造成相关费用和员工工作时间的增加。策略是利用 KPI 对影响力和绩效的变化进行例行评估，并定期采用其他评估方法来检验每项指标的有效性：KPI 反映的变化是否真的体现了预期影响的变化？

工作表 6.2.1 潜在 KPI 主表：样本博物馆

指标编号	来源:名称	指标	预期影响	选集	内容组	类型(在行动理论中所处的步骤)	潜在影响类型
557	博物馆教育价值	您的专业员工作为服务组织、市政委员会、非营利组织董事会或志愿者组织成员，每月在社区事务中投入的时间有多少？	公民联系	第四轮筛选	社会资本	6b. KPI: 可能反映价值	C. 强化社会资本
554	博物馆教育价值	您同时经营着多少与其他组织的合作关系？这是否反映了有限资源分配的有效性？	公民联系	第四轮筛选	社会资本	6b. KPI: 可能反映价值	C. 强化社会资本
639	"社区影响"组1和2	核心被认为是"合法的"，是教育基础设施的全面合作伙伴	公民联系	第四轮筛选	社会资本	7. 感知效益	C. 强化社会资本
874	倡导博物馆价值	发展积极社会资本，即促进合作互利的网络、规范和信托	公民联系	第四轮筛选	社会资本	7. 感知效益	C. 强化社会资本
714	ASTC 经济影响研究	企业慈善事业有多少个渠道，如开发由发起企业资助的市内学校项目	公民联系	第四轮筛选	社会资本	7. 感知效益	I. 提供企业团体服务
553	博物馆教育价值	平均每月有多少个晚上开展特别活动，召开其他组织会议，或员工是为职员家庭前来参观？	社区价值	第四轮筛选	文化可及性	6b. KPI: 可能反映价值	A. 扩大参与度
627	"社区影响"组1和2	员工与社区多样性的对应	社区价值	第四轮筛选	文化可及性	6b. KPI: 可能反映价值	A. 扩大参与度

(续表)

指标编号	来源：名称	指标	预期影响	选集	内容组	类型（在行动理论中所处的步骤）	潜在影响类型
593	建议框架	作为社区聚会场所	社区价值	第四轮筛选	生活质量	1. 预期目标	C. 强化社会资本
729	ASTC 经济影响研究	作为组织者和主办方，常与其他社会组织合作，为公众举办文化和教育活动	社区价值	第四轮筛选	生活质量	7. 感知效益	C. 强化社会资本
801	博物馆社会重要性	博物馆改善生活环境质量	社区价值	第四轮筛选	生活质量	7. 感知效益	C. 强化社会资本
429	印第安纳波利斯儿童博物馆：25 项成功指标	项目分析：3. 参与评估所得的质量	社区价值	第四轮筛选	生活质量	7. 感知效益	J. 促进个人成长
687	文化与振兴：马萨诸塞州当代艺术博物馆对其社区的经济影响	文化机构对地产价格（旧区改造）影响的乐观分析	社区价值	第四轮筛选	生活质量	7. 感知效益	H. 助益经济
502	ACM 基准计算器	实地参观人数占人口的比例	地区认同	第四轮筛选	文化可及性	6b. KPI：可能反映价值	J. 促进个人成长

(续表)

指标编号	来源:名称	指标	预期影响	选集	内容组	类型（在行动理论中所处的步骤）	潜在影响类型
588	建议框架	保护重要的藏品、历史财产和遗迹	地区认同	第四轮筛选	身份	1. 预期目标	B. 保护遗产
4001	924, 923	传递一种地域和身份认同感	地区认同	第四轮筛选	身份	1. 预期目标	G. 传播公共认同与形象
701	公众对博物馆的社会作用的看法和态度	将社区聚集在一起	地区认同	第四轮筛选	文化可及性	7. 感知效益	C. 强化社会资本
954	倡导博物馆价值	象征价值	地区认同	第四轮筛选	身份	7. 感知效益	G. 传播公共认同与形象

工作表 6.2.2 潜在 KPI 主表

来源:名称	指标	预期影响	选集	内容组	类型(在行动理论中所处的步骤)	潜在影响类型

工作表 6.3.1 绩效评估基本原理：样本博物馆

我们认为，如果我们能在一定程度上实现 IP#2 的预期影响，那么这些影响的变化可以通过以下可考察、可评量的关键绩效指标来进行评估：

2.1 建立地区认同和参与："传递一种地域和身份认同感"（MIIP 指标#924、923）

- 如果博物馆要传递认同感，那么我们在"保护重要的藏品、历史财产和遗迹"（#588）方面的投入是反映我们管理地区遗产和身份的一项指标。
  - ➢ KPI 2.1a：（藏品相关运营支出占总运营支出的比例）/（同行博物馆该项比例的计算平均值）≥1.0。
- 如果博物馆作为"象征价值"（#954），并"将社区聚集在一起"（#701），那么选择前往博物馆（实地参观和参与）参加实体活动则是反映这一影响的指标。地区被定义为中城的 CBSA。
  - ➢ KPI 2.1b："实地参观人数占人口的比例"（#502）。博物馆每年都将为该指标设定目标值。

2.2 加强公民联系："发展积极社会资本，即促进合作互利的网络、规范和信托。"（#874）

- 如果博物馆对城市所有居民（即中城人口）都具有价值，那么博物馆对于这项目标的基本指标是"员工与社区多样性的对应"。（#627）
  - ➢ KPI 2.2a：博物馆组织结构图的每一层级，包括董事会在内，都应有居住在城市核心统计区内群体的代表，其比例应与美国人口普查数据中种族和民族的占比基本一致。
- 如果博物馆正助益于关系网络的维护与建立，那么"您同时经营着多少与其他组织的合作关系？这或许是反映有限资源分配有效性的一项指标。"（#554）
  - ➢ KPI 2.2b：（当年年末活跃的合作组织数量）/（基准年年末活跃的合作组织数量）>1.0。
- 如果博物馆与我们所在地区有关联，那么"您的专业员工作为服务组织、市政委员会、非营利组织董事会或志愿者组织成员，每月在社区事务中投入的时间有多少？"（#557）是该影响的一项评价指标。
  - ➢ KPI 2.2c：（管理人员每年在博物馆认可的馆外地区活动中投入的小时数）/（管理人员工作总时长）应介于 5%～10% 之间。
- 如果博物馆被认为是可信的、且"是'合法的'，是教育体系的全面合作伙伴"（#639），那么反映这种信任的一项指标是：博物馆作为"企业慈善事业的渠道，如开发由发起企业资助的市内学校项目。"（#714）
  - ➢ KPI 2.2d：（年度企业支持）/（总运营收入）≥同行博物馆该项比值。

2.3 提高生活质量：博物馆通过"作为社区聚会场所"（#593）来"改善生活环境质量"（#801）。

- 如果博物馆"作为组织者和主办方，常与其他社会组织合作，为公众举办文化和教育活动"（#729），那么参与这些活动的城市民众人数是反映博物馆服务于城市的一项指标。

(续表)

➢ KPI 2.3a：（中城居民前往博物馆及馆外项目的年度实体参与人次）/（中城人口），可表示为每位居民每年的参与次数。博物馆每年都会设定这一指标的目标值。 • 如果博物馆改善了城市生活质量，那么由净推荐值（♯641-推荐的可能性）反映的"项目分析……参与评估所得的质量"（♯429）水平较高。从长期来看，由"文化机构对地产价格（旧区改造/士绅化）影响的乐观分析"（♯687）所反映的城市地产价值也会有所增长。如果博物馆直接创造就业机会，那么应在人力资源统计数据中得以体现。 ➢ KPI 2.3b：在评估城市居民参与博物馆项目所获的感知效益时，净推荐值≥8.0。 ➢ KPI 2.3c：（中城当前房价的中位数）/（中城核心统计区当前房价与五年前的比值）>1.0，则意味着城市价值可能由于博物馆活动等原因相对高于地区标准。
鉴于我们的优先事项、指导原则、特定的资源和社会背景，我们认为自身实现"为公共价值做出贡献"的预期影响的绩效应以多样性和包容性为重点，以社区联系为典型，并接受所有其他 KPI，这是因为我们博物馆有独特的能力来承担各种角色，如多样性的典范、诚实的中间人、以中立立场聚集社区的主办方、核心且可信赖的设施和场所。这些优先事项均在工作表"优先 KPI"中体现。

工作表 6.3.2 绩效评估基本原理

我们认为，如果我们能在一定程度上实现 IP♯2 的预期影响，那么这些影响的变化可以通过以下可考察、可评量的关键绩效指标来进行评估：

预期影响 2.1：_____
  KPI 2.1a……n：_____
  我们会定期询问观众和支持者来评估该项 KPI 的有效性_____
  _____

预期影响 2.2：_____
  KPI 2.2a……n：_____
  我们会定期询问观众和支持者来评估该项 KPI 的有效性_____
  _____

预期影响 2.3：_____
  KPI 2.3a……n：_____
  我们会定期询问观众和支持者来评估该项 KPI 的有效性_____
  _____

鉴于我们的优先事项、指导原则、特定的资源和社会背景，我们认为自身实现__(IP♯2)__的预期影响的绩效应以__(最重要的绩效类型)__为重点，以__(第二重要的绩效类型)__为典型，并接受所有其他 KPI，这是因为我们博物馆有独特的能力来承担各种角色，如__(填入基本原理)__。这些优先事项均在工作表"优先 KPI"中体现。

工作表 6.4.1　优先 KPI：样本博物馆

IP#2 为社会公共价值做出贡献：占所有 IP 的 30%		KPI 优先级	IP 优先级	计算优先级
2.1	建立地区认同和参与	30%		
	KPI 2.1a：在文物藏品保护方面的投入与同行相当	5%	30%	2%
	KPI 2.1b：地区居民参与博物馆	25%	30%	8%
2.2	加强公民联系	40%		
	KPI 2.2a：博物馆的领导层和团队反映了城市多样性	20%	30%	6%
	KPI 2.2b：我们的合作关系网络正在成长	5%	30%	2%
	KPI 2.2c：我们的管理人员将 5%~10% 的时间用于社区工作	10%	30%	3%
	KPI 2.2d：企业像对我们的同行所做的那样支持博物馆	5%	30%	2%
2.3	提高中城生活质量	30%		
	KPI 2.3a：城市居民参与博物馆	15%	30%	5%
	KPI 2.3b：城市居民认为我们的项目值得推荐给他人	10%	30%	3%
	KPI 2.3c：城市住房价值增速快于地区住房	5%	30%	2%
		100%		30%

工作表 6.4.2 优先 KPI

IP#2：	KPI 优先级	IP 优先级	计算 优先级
2.1 （预期影响）			
KPI 2.1a：			
KPI 2.1b：			
2.2 （预期影响）			
KPI 2.2a：			
KPI 2.2b：			
KPI 2.2c：			
KPI 2.2d：			
2.3 （预期影响）			
KPI 2.3a：			
KPI 2.3b：			
KPI 2.3c：			

工作表 6.5.1 数据字段：样本博物馆

KPI 编号	数据采集字段	数据来源	数据类型	数据可用性	收集方法和建议
2.1a	藏品支出	财务	运营	期望	需要界定何种支出符合该字段
	运营总支出	财务	运营	现有	财务报表
	同行藏品支出	同行	同行	期望	需有公认的定义和共享数据
	同行运营总支出	同行	同行	期望	需有公认的定义和共享数据
2.1b	实地参观数	票务	运营	现有	票务系统
	实地项目参与数	教育部门	运营	临时	收费项目票务系统，未包括其他类型的博物馆参与
	中城 CBSA 人口	Alteryx①	市场	现有	稳定的人口统计数据
2.2a	种族和民族（R&E）	Alteryx	市场	现有	稳定的人口统计数据
	董事会的 R&E 构成	HR	运营	临时	HR 调查需要更新
	管理人员的 R&E 构成	HR	运营	临时	HR 调查需要更新
	主管人员的 R&E 构成	HR	运营	临时	HR 调查需要更新
	其他员工的 R&E 构成	HR	运营	临时	HR 调查需要更新
2.2b	合作组织的数量	行政	运营	临时	发展部门的非正式清单，需正规化
2.2c	全职管理人员的数量	HR	运营	现有	
	人均参与社区管理时长	HR	运营	临时	管理人员预估，需正规化
	设定的年度工作时长	HR 政策	运营	现有	

---

① 译者注：自助数据分析平台。

(续表)

KPI编号	数据采集字段	数据来源	数据类型	数据可用性	收集方法和建议
2.2d	年度企业支持	财务	运营	现有	财务报表
	地方企业捐赠	慈善刊物	市场	研究	根据通货膨胀调整
	同行企业支持	990s	同行	研究	根据通货膨胀调整
2.3a	吸引中城居民参与	营销	运营	临时	根据邮编调研计算年度总数
	中城乡镇人口	Alteryx	市场	现有	一致的人口统计数据
2.3b	净推荐值	评估	评估研究	研究	供下一年实施
2.3c	中城乡镇房价中位数	Alteryx	市场	现有	一致的人口统计数据
	中城 CBSA 房价中位数	Alteryx	市场	现有	一致的人口统计数据

工作表 6.5.2　数据字段

KPI 编号	数据采集字段	数据来源	数据类型	数据可用性	收集方法和建议

工作表 6.6.1 数据输入日志:样本博物馆

KPI 编号	数据采集字段	数据来源	基准年	当前年	变化指数
2.1a	藏品支出	财务	NA	NA	
	运营总支出	财务	$6 535 878	$7 035 845	1.08
	同行藏品支出	同行	NA	NA	
	同行运营总支出	同行	NA	NA	
2.1b	实地参观数	票务	269 986	253 013	0.94
	实地项目参与数	门票	46 060	68 962	1.50
	中城 CBSA 人口	FactFinder	1 630 780	1 654 592	1.01
2.2a	种族和民族(R&E)	人口普查		见下表	
	董事会的 R&E 构成	HR			
	管理人员的 R&E 构成	HR			
	主管人员的 R&E 构成	HR			
	其他员工的 R&E 构成	HR			
2.2b	合作组织的数量	行政	14	22	1.57
2.2c	全职管理人员的数量	HR	14	15	1.07
	人均参与社区管理时长	HR	120	170	1.42
	设定的年度工作时长	HR 政策	2 000	2 000	1.00

(续表)

KPI 编号	数据采集字段	数据来源	基准年	当前年	变化指数
2.2d	年度企业支持	财务	$736 091	$822 809	1.12
	总收入	财务	$6 773 549	$7 081 396	1.05
	同行企业支持(占总额的百分比)	同行或990s	NA	16%	—
2.3a	吸引中城居民参与	营销	170 665	183 526	1.08
	中城乡镇人口	人口普查	487 241	496 832	1.02
2.3b	净推荐值	评估	9.2	8.4	0.91
2.3c	中城乡镇房价中位数	FactFinder	75 800	78 800	1.04
	中城 CBSA 房价中位数	FactFinder	128 200	130 600	1.02

（续表）

	中城核心			董事会							所有员工						
	基准年	当前年	变化	基准年实际数值	占总数百分比	差值	当前年实际数值	占总数百分比	差值	差值变化	基准年实际数值	占总数百分比	差值	当前年实际数值	占总数百分比	差值	差值变化
白人	50%	44%	-6%	10	59%	9%	8	47%	3%		41	49%	0%	42	49%	5%	
黑人或非裔美国人	41%	42%	1%	5	29%	11%	6	35%	6%		31	37%	4%	36	42%	0%	
美洲印第安人和阿拉斯加原住民	0%	0%	—	—	—	—	—	—	—		—	—	—	—	—	—	
亚洲人	2%	4%	2%	2	12%	9%	2	12%	8%		8	10%	7%	6	7%	3%	
夏威夷土著及其他太平洋岛民	0%	0%	—	—	—	—	—	—	—		—	—	—	—	—	—	
其他种族	4%	6%	2%	—	0%	4%	—	0%	6%		—	0%	4%	—	0%	6%	
混血	3%	4%	2%	—	0%	3%	1	6%	1%		4	5%	2%	2	2%	2%	
	100%	100%	0%	17	100%	37%	17	100%	25%	32%	83.5	100%	17%	86.0	100%	16%	5%

工作表6.6.2 数据输入日志

KPI 编号	数据采集字段	数据来源	基准年	当前年	变化指数

工作表 6.7.1 KPI 计算:样本博物馆

		KPI 公式	基准年或同行数据	当前年	变化指数
IP#2 为社会公共价值做出贡献:占所有 IP 的 30%					
2.1	建立地区认同和参与				
	KPI 2.1a:在文物藏品保护方面的投入与同行相当	(藏品相关运营支出/总运营支出)/(同行博物馆该项比例的计算平均值)	NA	NA	
	KPI 2.1b:地区居民参与博物馆	(实地访问量)/(CBSA 人口)	17%	15%	0.92
2.2	加强公民联系				
	KPI 2.2a:博物馆的领导层和团队反映了城市多样性	人员差值=当前人员构成百分比与城市实际百分比的差异 董事会差值=当前人员构成百分比与城市实际百分比的差异	17%	16%	5%
			37%	25%	32%
	KPI 2.2b:我们的合作关系网络正在成长	(今年合作机构数量)/(去年合作机构数量)	14	22	1.57
	KPI 2.2c:我们的管理人员将 5%~10%的时间用于社区工作	(管理人员每年在博物馆认可的馆外地区活动中投入的小时数)/(管理人员工作总时长)	1 680	2 550	1.52
	KPI 2.2d:企业如其对我们的同行所做的那样来支持博物馆	(年度企业支持/总收入)/(同行博物馆该项比例的计算平均值)	16%	12%	0.72

(续表)

IP#2 为社会公共价值做出贡献：占所有 IP 的 30%			基准年或同行数据	当前年	变化指数
2.3	提高中城生活质量				
	KPI 2.3a：城市居民参与博物馆	[(实地访问量)*(中城居民在参观调查样本中的占比)]/(中城人口)	35%	37%	1.05
	KPI 2.3b：城市居民认为我们的项目值得推荐给他人	在评估城市居民参与博物馆项目所获的感知效益时，净推荐值（#641－推荐的可能性）达 8.0 或以上	8.4	9.2	1.10
	KPI 2.3c：城市住房价值增速快于地区住房	(中城当前房价的中位数)/(中城核心统计区当前房价与五年前房价的比值)	59%	60%	1.02

工作表 6.7.2 KPI 计算

IP#：_____ 预期影响及其 KPI	基准年或 同行数据	当前年	变化指数
___.1 (预期影响)			
KPI 1a:			
KPI 1b:			
KPI 1c:			
___.2 (预期影响)			
KPI 2a:			
KPI 2b:			
KPI 2c:			
___.3 (预期影响)			
KPI 3a:			
KPI 3b:			
KPI 3c:			

工作表 7.1.1　同行博物馆数据：样本博物馆

同行博物馆名称	CBSA都市人口	城市人口	博物馆建筑总面积(GSF)	展厅面积(NSF)	基准年访问量 参观	基准年访问量 项目	基准年访问量 总计	当前年访问量 参观	当前年访问量 项目	当前年访问量 总计	当前年 企业支持	当前年 总收入
博物馆 A	710 741	176 542	112 500	39 035	140 000	3 100	143 100	165 000	3 500	168 500	$544 784	$3 371 708
博物馆 B	820 574	245 983	92 000	46 783	193 804	13 245	207 049	180 054	12 777	192 831	$652 566	$3 598 555
博物馆 C	1 378 075	375 156	130 501	42 711	328 195	26 334	354 529	215 820	34 846	250 666	$520 316	$4 332 904
博物馆 D	1 814 319	503 780	111 000	44 000	223 542	41 034	264 576	304 391	37 794	342 185	$157 621	$4 486 973
博物馆 E	2 902 572	768 078	150 000	44 000	409 820	15 000	424 820	364 339	15 000	379 339	$1 005 014	$5 976 681
博物馆 F	3 894 260	1 568 906	197 500	75 127	784 268	35 034	819 302	802 141	32 183	834 324	$1 188 904	$12 067 474
博物馆 G	2 351 974	879 346	151 038	56 804	313 136	18 743	331 879	320 000	13 341	333 341	$1 031 532	$6 768 501
博物馆 H	951 166	378 926	143 334	65 000	339 000	31 000	370 000	401 000	31 500	432 500	$2 582 933	$7 174 780
博物馆 I	1 216 057	504 678	230 106	55 373	361 282	42 435	403 717	377 819	42 182	420 001	$693 142	$12 254 751
博物馆 J	1 352 986	346 854	205 000	65 000	262 885	80 847	343 732	229 040	34 890	263 930	$2 243 831	$8 318 756
博物馆 K	2 223 219	867 389	320 000	106 820	558 858	396 266	955 124	536 359	348 219	884 578	$4 060 354	$14 878 411
平均值	1 783 267	601 422	167 544	57 241	355 890	63 913	419 803	354 178	55 112	409 290	$1 334 636	$7 566 317
中位数	1 378 075	503 780	150 000	55 373	328 195	31 000	359 195	320 000	32 183	352 183	$1 005 014	$6 768 501
样本博物馆	**1 654 592**	**496 832**	**162 000**	**54 500**	**269 986**	**46 060**	**316 046**	**253 013**	**68 962**	**321 975**	**$822 809**	**$7 081 396**
同行绩效指数												
与同行平均值比较	0.93	0.83	0.97	0.94	0.76	0.71	0.75	0.71	1.25	0.79	0.62	0.94
与同行中位数比较	1.20	0.99	1.08	0.98	0.82	1.49	0.89	0.79	2.14	0.94	0.82	1.05

工作表 7.1.2 同行博物馆数据

博物馆名称	地址	人口	总面积	展厅净面积	数据字段 4	数据字段 5	数据条目 数据字段 6	数据字段 7	数据字段 8	数据字段 9
博物馆 A										
博物馆 B										
博物馆 C										
博物馆 D										
博物馆 E										
博物馆 F										
博物馆 G										
博物馆 H										
博物馆 I										
博物馆 J										
博物馆 K										
同行 KPI 平均值										
同行 KPI 中位数										
博物馆数据										
与同行平均值比较										
与同行中位数比较										

工作表 7.2.1 同行博物馆 KPI 分析:样本博物馆

同行博物馆名称	企业支持占总额的百分比	访问量/CBSA人口	访问量/城市人口	拥挤度(观众/展厅面积)	支出/总面积	CBSA人口/博物馆总面积(GSF)	收入/访问量
博物馆 A	16%	24%	95%	4.2	$29.97	6.3	$20.01
博物馆 B	18%	23%	78%	3.8	$39.11	8.9	$18.66
博物馆 C	12%	18%	67%	5.1	$33.20	10.6	$17.29
博物馆 D	4%	19%	68%	6.9	$40.42	16.3	$13.11
博物馆 E	17%	13%	49%	8.3	$39.84	19.4	$15.76
博物馆 F	10%	21%	53%	10.7	$61.10	19.7	$14.46
博物馆 G	15%	14%	38%	5.6	$44.81	15.6	$20.31
博物馆 H	36%	45%	114%	6.2	$50.06	6.6	$16.59
博物馆 I	6%	35%	83%	6.8	$53.26	5.3	$29.18
博物馆 J	27%	20%	76%	3.5	$40.58	6.6	$31.52
博物馆 K	27%	40%	102%	5.0	$46.50	6.9	$16.82
同行 KPI 平均值	17%	25%	75%	6	$43.53	11.1	$19.43
同行 KPI 中位数	16%	21%	76%	6	$40.58	8.9	$17.29
样本博物馆	**12%**	**19%**	**65%**	**4.6**	**$43.71**	**10.2**	**$21.99**
同行绩效指数							
与同行平均值比较	0.68	0.79	0.86	0.77	1.00	0.92	1.13
与同行中位数比较	0.72	0.91	0.85	0.82	1.08	1.15	1.27

工作表 7.2.2　同行博物馆 KPI 分析

博物馆名称	地址	KPI 1	KPI 2	KPI 3	KPI 4	KPI 5	KPI 6
博物馆 A							
博物馆 B							
博物馆 C							
博物馆 D							
博物馆 E							
博物馆 F							
博物馆 G							
博物馆 H							
博物馆 I							
博物馆 J							
博物馆 K							
_____ 博物馆数据	同行 KPI 平均值						
	同行 KPI 中位数						
	与同行平均值比较						
	与同行中位数比较						

附录 E　工作表：博物馆样表及空白表

工作表 8.1.1　总结报告：样本博物馆

综　述

　　与去年相比，博物馆的影响力略有提升，但很大程度上是受到地区经济状况的影响。观众来访投入的精力增加了 2%；在观众和支持者中，从我们的活动中发现的市场价值增加了 6%。由于支出和员工规模的增长高于收入和参与度的增长，我们在每次参与的成本和每位员工参与数方面的绩效效率有所下滑

背景概览

　　经济发展仍然面对压力，当地雇主也在不断裁员。投入不菲的巡回展览未能实现其收入目标，但尚有项目预算。不过，经董事会批准的博物馆新的社区服务倡议足够超前，以弥补其他方面的下滑

提升的影响力及绩效（仅对 IP♯2 影响加以分析）

　　预期影响 2.2 加强公民联系：考察这一影响力的 4 项 KPI 中，3 项指标有着显著的提升：

　　KPI 2.2a：我们持续增进员工和董事会成员的多样性。员工构成已接近中城的多样性比例，差值缩小了 5%，董事会差值则缩小了 32%。博物馆五年观众概况（到明年为止）或可反映出员工和董事会的多样性是否对观众的多元化造成影响。

　　KPI 2.2b：被认可的合作关系增加了约 50%，尽管 8 个新的合作伙伴中，有 5 个是与现有合作伙伴就新项目的合作。有意思的是，我们发现合作方之间的对话或可反映出新的公民关系。

　　KPI 2.2c：博物馆管理人员与合作伙伴投入到广泛的社区项目中的时间增加了约 50%。除了时间维度之外，这一举措还催生了由我们的新合作伙伴推广和运营的全新的、广受欢迎的馆内项目。

　　KPI 2.2d：企业支持下降了约 1/4，这是该 KPI 组中唯一令人失望的指标，其比同行博物馆水平也低了约 1/4。究其原因，主要是由于地区经济及失业等问题，但我们需要通过我们的评估及对地方商业的影响的相关依据，来强调我们在为其员工提供免费参观之外，还如何强化了他们的社区。

　　预期影响 2.3 提高生活质量：该影响相关的所有 KPI 都有所增长，其中有一项增幅显著：

　　KPI 2.3a：中城居民耗费更多精力前往博物馆，实地参观量占城市人口的比例从原来的 35% 增长至 37%。

　　KPI 2.3b：城市居民对今年项目的推荐指数大幅上涨。观众对其参与的新项目的净推荐值达 9.2，远高于去年的 8.4。

　　KPI 2.3c：与较大区域内的房价变化进行比较可知，中城的房产价值的增长率略高。但这一差异非常小（2%），不足以说明相关升级或改造的程度，更不用说博物馆在这一变化中所发挥的作用。

　　其他数据进一步证明了我们在加强公民联系、提高生活质量方面的影响：我们的社区项目增加了约 50%——虽然我们的参观观众有所下降，但新项目的参与者增长较大，从而助推了博物馆总参与数的增加。会员数量的增长可能得益于项目订

（续表）

阅和社区活动，因为在这些专业观众眼中，我们所提供的会员服务的价值提升了。我们由衷感谢董事会和私人支持者给予的资助，正因他们在社区影响方面的投入大大增加，才弥补且反超了企业慈善投入的下滑

降低的影响力及绩效（仅对 IP#2 影响加以分析）

预期影响 2.1 建立地区认同和参与：

KPI 2.3a：我们无法确定自身在藏品保护方面的投入是否与同行相当。我们内部无法就哪些费用需要计算的问题达成一致，而我们的同行也面临着同样的问题。我们需要一项更好的 KPI。此外，还有一些顾虑在于：即便我们能获取较好的数据，藏品开支与建立地区认同和参与的关联性也较差，因此很难成为一项有意义的指标。

KPI 2.1b：地区居民对博物馆实地访问投入的精力有所下降，访问人数占 CBSA 人口的比例从原来的 17% 下降至 15%。

地区居民访问量这一 KPI 的下降或反映出我们在建立地区认同方面的影响有所衰减。以往的观众研究表明，由参观我们的展厅而建立身份认同的观众在受访样本中占了很大的比例。由于参观今年巡回展览的人次减少，访问量有所下滑，意味着身份认同的成效也降低了。我们在展览推广方面投入很多，但却没有将展览主题与地区认同、需求或愿景联系起来

分析与研究需求（仅对 IP#2 影响加以分析）

我们需要探讨 KPI 2.2a、2.2b 和 2.2c 之间的联系，以向我们的企业支持者提供关于这些新的社区效益的数据。研究问题包括：（1）内部多样性的提升；（2）更多有组织的合作伙伴；（3）博物馆管理人员持续、可靠地参与社区项目，真正使我们的观众多元化，并加强公民联系

对未来的启示（仅对 IP#2 影响加以分析）

在全新的评估框架中，我们将"为社区公共价值做出贡献"作为第二优先的预期目标（首要预期目标为激发兴趣和参与），其直接结果是我们社区活动的扩展。这一需求得到了证实，且似乎还在持续增长。为了维持这一趋势，需要扩大项目设施和工作人员。与同行博物馆相比，我们的建筑并没有那么拥挤，还可以在不增加新空间的情况下拓展访问量。然而，我们在建立地区认同方面的影响尚不清晰，需要对自身加以审视：（1）我们是否能做得更好？若是，我们是否愿意？（2）我们是否能找到更具意义和可评量的 KPI？最重要的是，（3）建立认同是否真的是社区希望我们做的？若是，我们应探索社区对科技未来的期待是否高于其对工业遗产的自豪感

工作表 8.1.2　总结报告

综述：年度同比及同行比较
背景概览
提升的影响力及绩效
降低的影响力及绩效
分析与研究需求
对未来的启示

附录 F 如何获取 MIIP 1.0 和博物馆行动理论

MIIP 1.0 是由作者管理的白橡木研究所（White Oak Institute）开发的，是一项非营利博物馆研究的新尝试。MIIP 1.0 和博物馆行动理论图表独立于本书，免费向所有人开放。

若需获取副本，请访问 http://www.whiteoakassoc.com/library.html。

您也可以在互联网上搜索"MIIP 1.0"或"Museum Indicators of Impact and Performance"（博物馆影响力和绩效指标）。MIIP 数据库是只读的，因此原始版本得以在网上完整保存。不过，您可以使用您的首字母重命名和保存文件，并在脱机情况下根据您的需要进行调整。

虽然访问 MIIP 1.0 是免费的，但是您无法获得关于指标的任何权利，尤其是商业权利。如果您希望发布任何来源的指标集合，那么您需要申请获得这些指标的相关权利。您可以直接与指标来源方联系。

图书在版编目(CIP)数据

博物馆影响力与绩效评估:理论与实践/(美)约翰·W.雅各布森著;厉樱姿译. —上海:复旦大学出版社,2022.10
(世界博物馆最新发展译丛/宋娴主编. 第二辑)
书名原文:Measuring Museum Impact and Performance: Theory and Practice
ISBN 978-7-309-16274-5

Ⅰ.①博… Ⅱ.①约… ②厉… Ⅲ.①博物馆-工作-研究 Ⅳ.①G26

中国版本图书馆 CIP 数据核字(2022)第 123030 号

MEASURING MUSEUM IMPACT AND PERFORMANCE: Theory and Practice by John W. Jacobsen
Copyright © The Rowman & Littlefield Publishing Group Inc., 2016
Published by agreement with the Rowman & Littlefield Publishing Group through the Chinese Connection Agency, a division of The Yao Enterprises, LLC.

上海市版权局著作权合同登记号:图字 09-2019-074

博物馆影响力与绩效评估:理论与实践
[美] 约翰·W.雅各布森 著
厉樱姿 译
责任编辑/赵楚月

复旦大学出版社有限公司出版发行
上海市国权路 579 号 邮编:200433
网址:fupnet@fudanpress.com http://www.fudanpress.com
门市零售:86-21-65102580   团体订购:86-21-65104505
出版部电话:86-21-65642845
上海盛通时代印刷有限公司

开本 890×1240 1/32 印张 9.375 字数 218 千
2022 年 10 月第 1 版
2022 年 10 月第 1 版第 1 次印刷

ISBN 978-7-309-16274-5/G·2384
定价:58.00 元

如有印装质量问题,请向复旦大学出版社有限公司出版部调换。
版权所有 侵权必究